▶動画でわかる！

575 化学実験

実践ガイド

東京都理化教育研究会
平成30・31（令和元）年度
化学専門委員会【編】

田中 義靖【著】

丸善出版

実験動画・資料の閲覧方法

本書の特設ページより，実験動画や資料の閲覧・利用ができます。
右の QR コードを読み取ることにより，もしくは下記 URL を直接入力のうえ，本書の特設ページにアクセスし，ご活用ください。

https://www.maruzen-publishing.co.jp/contents/575jikken/index.html

なお，アクセスにはユーザー名とパスワードの入力が必要です。

ユーザー名：575kagaku

パスワード：ediug575

● 閲覧できる動画，およびダウンロードされたファイルの著作権は，本書の著作者に帰
　属します。
● 本 Web サイトに掲載した実験を行ったことにより生じた事故・傷害などについて，
　著者および出版社はその責任を負いません。
● 本 Web サイトは予告なく情報を更新したり，閉鎖・終了することがあります。

はじめに

　本書は，忙しい高校教員にも手軽に実験授業を実施してほしい，そして多くの生徒に授業を通じて実験を体験してほしい，という思いからまとめた書籍である。

　実験授業を行わずとも，生徒に大学入試を乗り切る力をつけることは可能だろう。だが，2022年度より実施される高等学校の新学習指導要領では「観察，実験を中心にした授業実践ができる教員」が求められており，実験授業への対応は時代の要請となっている。また，なにより生徒にとっても，物質の性質やその変化に直に触れることができる実験授業は，知識の定着や探究力の向上など受験対策にとどまらない力を身につける貴重な機会となる。

　とはいえ，教員が実際に実験授業を行おうとすると，予算や時間がないという課題も出てくる。余裕がないなかで実験を行うと事故が起こりやすくなる。そこで本書では，準備する教員も，体験する生徒にも余裕が生まれるよう，準備も操作も片付も簡単・短時間で行える実験を提案している。本書のタイトルにある「575化学実験」とは，簡単にできる化学実験という意味であり，その簡単さを「準備に5分，操作に7分，片付に5分くらいかければ実施できる」と表現することで命名したものである。短時間でできるのなら，操作を行う際に慌てることもなく，また，失敗した場合でもすぐにやり直せる。それだけではなく，時間的な余裕があれば，実験の結果について班やクラスでじっくりと検討することができる。

　このようなコンセプトでの教材開発について，東京都理化教育研究会の中の化学専門委員会という複数の学校から化学教員が集まって結成されたチームで，平成30年度と令和元年度に検討した。そのときの成果をもとにして

本書は書かれている。

　また，本書では，実験の様子がわかる動画を提供している。簡単な動画ではあるが，本文と合わせて活用してもらえれば，実験の操作をより具体的にイメージしてもらえるだろう。教員が操作の具体的なイメージをもつことで，生徒が失敗しそうな場面を事前に想定できて，その場面になったときにより細心の注意を払うことができる。動画の閲覧方法は本書の扉裏にまとめてあるので，そちらを参照してほしい。

　さらに，Facebook に本書と同名のグループがある。本書に載せていない実験を動画で紹介したり，575化学実験の趣旨に合う実験を一緒に検討したりする場として立ち上げた。実験が上手くいかなかったり，実験に改良を加えたいが不安だったりした場合に一緒に検討できる場としても活用してもらいたい。興味があったら覗きに来てほしい。

　2022年4月

田 中 義 靖

実験を行うにあたって

・実験を行う場合は，必ず予備実験を行い，手順や安全性への配慮を確認してください。

・試薬は，特に容器などの指示を書いていない場合は，点眼瓶に入れたものを用いる想定としています。

・下記に挙げたような基本的な道具や材料は常備されているものとし，実験プリント例の〔準備〕欄には記載していません。

  試験管立て

  蒸留水

  水道水

  保護メガネ

  キムワイプ ® などの試薬ふき取り用ワイパー

・その他，実験プリント例に記載のない器具類は，予備実験を行う際に，どの器具を使うか各自でご判断ください。

・本書および本書に付随した Web サイトに掲載した実験を行ったことにより生じた事故・傷害などについて，著者および出版社はその責任を負いません。

目　　次

第 1 章　物質の構成

第 2 章　物質の変化

付　録

第 1 章
物質の構成

【本章の実験動画・関連資料】

https://www.maruzen-publishing.co.jp/contents/575jikken/index.html#1

1

身　近　簡素化

30秒でワインを蒸留

キーワード：分離，蒸留
ポイント　：簡単な装置を使って短時間で赤ワインの蒸留ができる。

概　要

　石油の精製やウイスキーづくりなど，蒸留は私たちの日常生活の近いところで使われているので，ぜひ体験してほしい実験の一つである。

　蒸留には，リービッヒ冷却器を使った本格的なものや枝付き試験管を用いた簡易的なものがあるが，専用の器具を用意する必要があり，時間もかかる。そこで，ビーカーとペットボトルのキャップを使った装置で短時間で行えるようにしたのが今回の実験である。

図1.1　ペットボトルのキャップを使った蒸留装置

実験プリント例

〔題　名〕

　赤ワインの蒸留

〔目　的〕

　原料と留出液の性質の違いを比較して蒸留の原理を理解する。

〔準　備〕

1）赤ワイン（10 mL）の入ったビーカー（100 mL）	1／班
2）ペットボトルのキャップ	1／班
3）ビーカー（10 mL）	1／班
4）蒸発皿（30 mL）	1／班
5）ガスバーナー・三脚・金網・チャッカマン	1／班
6）ピンセット	1／班

〔操　作〕

　1）赤ワインの色・臭いと，チャッカマンで着火するか否かを確かめる。

　2）ビーカー（100 mL）にペットボトルのキャップを入れ，それを台座
　　　にしてビーカー（10 mL）を置く。

　3）2）のビーカー（100 mL）に蒸発皿（30 mL）を乗せ，その蒸発
　　　皿に水道水を半分ほど加えて蒸留装置を完成させる。

　4）3）の蒸留装置をガスバーナーで10秒ほど加熱する。

　5）10秒ほどしたら，火を消し，ピンセットでビーカー（10 mL）をつ
　　　まみ出し，ビーカー（10 mL）内の液体（留出液）の色・臭いと
　　　チャッカマンで着火するか否かを確かめる。

〔結　果〕

　原料と留出液について色・臭いと着火について比較する。

〔考　察〕

　赤ワインから取り出せたものを書け。また，取り出せた理由を蒸留の原理
を踏まえて説明せよ。

〔片　付〕

　廃液は下水に流す。器具は水道水で洗浄し，返却する。

解　説

1．実験の原理

　赤ワインを加熱すると，沸点の低いエタノールが気体になって蒸発皿に触れて冷却される。冷却されて液体になったエタノールは，蒸発皿の底を伝わって，10 mL ビーカーに集まる。

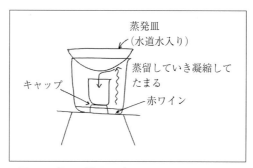

図 1.2　装置の構造などを説明するための板書例

2．操作上の注意・ポイント

　① ビーカー内の溶液への着火を確認するので，チャッカマンのような長いライターを用いるとよい。

　② 10 mL ビーカーの底を100 mL ビーカーの中の赤ワインで濡らしてからペットボトルのキャップに乗せると，10 mL ビーカーにペットボトルのキャップがつくので，そのまま100 mL ビーカーに入れるとよい。

　③ エタノールの燃焼による炎は観察しにくいので，着火の有無を確認するときは部屋を暗くした方がよい。

　④ エタノールの炎が完全に消えてもビーカーは熱いので，すぐに触らないように指示をする。実験ノートへの記録などを行わせ，器具が完全に冷めてから，片付けを行わせるとよい。

3．実験の結果

① 留出液は無色なので色は取り出せなかった。また，留出液の方が臭いがきついので臭いは取り出せた。さらに，留出液の方だけが着火したのでエタノールが取り出せたとわかる。

② 沸点の違いによって分離する方法が蒸留なので，取り出せたか否かで，色素の沸点よりも香り成分とエタノールの沸点の方が低いことがわかる。

4．素材の話題

① ワインやビールといった酒は醸造酒と呼ばれていて，原料や製造過程の違いはあるが，アルコール発酵によってつくられる点は同じである。

これら醸造酒を蒸留して得られるのがブランデーやウイスキーといった蒸留酒である。蒸留酒は原料の醸造酒よりアルコールの濃度は高く，ジンやウォッカなどを見ればわかるように無色透明である。ただ，樽の中で熟成させるウイスキーなどは樽の色素が移りコハク色となる。

② 水だけが共存している状態からの蒸留では，得られるエタノールの濃度は95 ％程度が限界であり，市販の無水エタノールの濃度（99.5 ％）にするには，ベンゼンを添加して蒸留するといった工夫がされている。

5．追加の実験

赤ワインが余ったらアントシアニン系色素の pH を変えたときの色変化を確認してみてもよい。操作を以下に示す。

1）ビーカー（100 mL）に赤ワインを半分ほど入れる。

2）1）のビーカー内の赤ワインに pH メーターを入れる。

3）2）のビーカー内の赤ワインに，1 mol/L 塩酸や 1 mol/L 水酸化ナトリウム水溶液を加え，pH の値と色を記録する。

色変化の様子は赤ワインの銘柄によって異なる。単に赤ワインに重曹（炭酸水素ナトリウム）を入れたときの色変化を観察するだけでもよい。

〔本実験は著者が中心になって検討した実験に改良を加えたものである〕

2

ウォッカで色素を抽出

キーワード：分離，抽出
ポイント　：抽出実験を，緑茶の茶葉とウォッカという身近な素材で行う。

概　要

　日常生活と関連づけた抽出の例としては"お茶をいれる"などがよく紹介される。そこで，緑茶を素材として抽出の実験を行う。

　お湯や水は緑茶の茶葉を入れるとうすい緑色になるが，エタノールと水を体積比 9 ： 1 で混ぜた溶液を使うと濃く鮮やかな緑色になる。

　学校の実験室なら，エタノールと純水を使うところだが，ここでは台所でも実験できるように，高濃度のウォッカと水道水を混ぜた溶液を使う。

図2.1　ウォッカと緑茶の茶葉

実験プリント例

〔題　名〕

　茶葉から色素を抽出する。

〔目　的〕

　水道水で薄めたウォッカに緑茶の茶葉から色素を抽出する。

〔準　備〕

　1）茶葉（大さじ1杯）の入った試験管　　　　　　　　　　1／班

　2）水道水で薄めたウォッカ（3 mL）が入った試験管　　　1／班

〔操　作〕

　1）水道水で薄めたウォッカを茶葉の入った試験管に移す。

　2）1）の茶葉の入った試験管を10分ほど放置してから，よく振り，溶
　　　液の色を観察する。

〔結　果〕

　溶液の色の変化を記録する。

〔考　察〕

　水道水で薄めたウォッカに緑茶の茶葉から取り出せたものを書け。

　また，取り出せた理由を抽出の原理を踏まえて説明せよ。

〔片　付〕

　茶葉の入った試験管は，中身を教卓上の廃棄用容器に捨て，流しで水道水
で軽く洗ってから返却する。

解　説

1．実験の原理

　緑茶の茶葉の色素は，エタノールと水を体積比 9 : 1 で混合した溶液によく溶け出す。このように抽出には最適の液体が存在する。

図2.2　水道水（左）と薄めたウォッカ（中央），ウォッカのみ（右）の比較

2．操作上の注意・ポイント

　① 茶葉は乳鉢ですりつぶしておくとよい。

　② ウォッカは無色透明でアルコール度数が90度以上のものを使う。手に入れやすいスピリタス（アルコール度数96度）がお勧めである。

　③ スピリタスを使う場合は，スピリタス500 mL に水道水を50 mL ほど加えたものを調製すると扱いやすい。1 クラス10班とすると10クラス分になる。

　④ 水道水で薄めたウォッカの量は厳密でなくてよい。駒込ピペット（3 mL）を使って，ゴム球を1 回つぶして取れる量で構わない。

　⑤ 茶葉を試験管に取るときは，試験管の口付近を親指と人差し指で囲んで漏斗代わりにして入れる。こぼれた茶葉は戻す。

　⑥ 抽出にかける時間は長い方がよい。他の実験を行って，30分後くらいに観察するとよい。

　⑦ 試験管の中身を廃棄専用の容器に捨てるときは，試験管を激しく振っ

た直後に一気に捨てるように指示する。茶葉が残ったときは洗浄瓶に入った水道水で流し出させる。

3．実験の結果

① 水道水で薄めたウォッカが緑色になって，緑色の色素が茶葉から移ったことがわかる。

② お茶をいれたときの色よりも鮮やかであることから，茶葉の中の緑色の色素はお湯（水）よりも今回の溶液の方が溶け出しやすいこともわかる。

4．素材の話題

① スピリタスはポーランド産のウォッカで，500 mL 瓶をスーパーなどで購入できる。2,000円程度である。飲料用なので，保護者の立ち会いで行うのであれば，今回の実験は家庭でもできる。ただし，火気厳禁である。

② 薬局で売っているエタノールを購入するのなら，無水エタノールを購入して水道水で薄めるとよい。消毒用のエタノールだと濃度が低いため，この実験に適さない。

5．追加の実験

茶葉が余ったら昇華によるカフェインの分離の実験もしてみたい。抽出にかける時間を使って行ってもよい。操作を以下に示す。

１）ホットプレート（かホットスターラー）にアルミホイルを敷く。

２）１）のアルミホイルの上に，茶葉を時計皿よりも狭い面積で敷く。

３）２）の茶葉の上に時計皿をかぶせる。

４）ホットプレートを180 ℃くらいに設定し，10分ほど加熱する。

５）時計皿が白く曇ったら，ホットプレートの電源を切って，時計皿をひっくり返して実験台に置く。

６）時計皿に着いたカフェインをムレキシド反応などで確認する。

また，深蒸し茶や番茶，ほうじ茶などで同様の抽出や昇華の実験をしてみて，茶葉の違いによる実験結果の違いを考察するのも楽しい。

〔本実験は著者が中心になって検討した実験に改良を加えたものである〕

3

30秒で色素の分離

キーワード：分離，クロマトグラフィー
ポイント　：ろ紙の形を工夫し，クロマトグラフィーをスモールスケール化した。

概　要

　ろ紙と水性ペンを使ったクロマトグラフィーの実験は簡単で，色々と工夫されてきた。今回の実験は 1 / 8 にカットしたろ紙（90 mm 径）とビーカー（10 mL）を使ってスモールスケール化した実験である。

　ろ紙はビーカー内でぶら下がっているので，薄層クロマトグラフィーの操作に近いものが体験できる。下から水道水が染み込んでいき，その水道水による運ばれやすさが色素によって異なるので分離できる。

図3.1　ろ紙上に水道水で水性ペンの色素を展開している様子

実験プリント例

〔題　名〕

　色素の分離

〔目　的〕

　水性ペンの色素をクロマトグラフィーで分離する。

〔準　備〕

　1）1/8にカットしたろ紙（90 mm 径）片　　　　　　　1／班

　2）ビーカー（10 mL）　　　　　　　　　　　　　　　1／班

　3）水性ペン（Tombo PLAY COLOR K ショコラ）　　　1／班

〔操　作〕

　1）ろ紙片の先端から1 cm ほどのところに水性ペンで印をつける。

　2）ビーカー（10 mL）に，水道水を1 mL ほど入れる。このとき，水
　　　性ペンでつけた印が水面より下になったら最初からやり直す。

　3）板書した図などを参照して，2）のビーカーの中に，1）のろ紙片
　　　をぶら下げる。

　4）水性ペンの色の移動を観察する。

〔結　果〕

　水性ペンの色の移動を記録する。

〔考　察〕

　クロマトグラフィーの原理を踏まえ，色を分けることができた理由を説明
せよ。

〔片　付〕

　1）ろ紙は可燃のゴミ箱に捨てる。

　2）ビーカーは，中身の水道水を下水に流し，そのまま返却する。

解 説

1．実験の原理

ビーカー内の水道水がろ紙に染み込んでいくとき，運ばれやすい色素は早く上がり，運ばれにくい色素はなかなか上がって行かない。このようにして色素を分離できる。

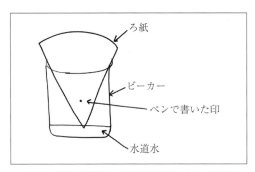

ろ紙

ビーカー

ペンで書いた印

水道水

図 3.2 実験の様子などを説明するための板書例

2．操作上の注意・ポイント

① 水性ペンで印をつける位置は板書図を使ってうまく指示した方がよい。下過ぎると水道水に浸かってしまい，上過ぎると色素がきれいに分かれる前に水道水がろ紙の上部に達してしまう。

② 今回は茶色の水性ペンを使ったが，黒など他の色の水性ペンでも構わない。使用するペンで事前に色の分離を確認しておいた方がよい。

③ 純水を使う必要のない実験で水道水を使うことで費用が抑えられる。

④ 小型のビーカー（10 mL）を使うのでスペースを取らずに実験できる。このビーカーを数多くそろえれば，1 名 1 セットで実験できるようになるので，感染防止の視点からもよい。

⑤ 今回指定した大きさの器具とろ紙を使うことで，ビーカーの中にろ紙片をぶら下げるのが容易になる。

3．実験の結果

① 水性ペンの色が複数の色素を混ぜてつくられていることがわかる。

② 水性ペンの色の成分である色素は，色素ごとに水によって運ばれる速さが異なることがわかる。

4．素材の話題

① 同様の実験では，黒色の水性ペンがよく使われる。ただ，黒色だと複数の色を混ぜてつくられていることが想像できてしまいそうなので，今回は，茶色の水性ペンを用いた。

② 同様の実験で，より簡単な方法に，実験台に置いたろ紙の適当な場所に水性ペンで印をつけ，その印から少し離れたところに水道水を滴下するという方法がある。しかし，この方法だと，ろ紙と実験台の間を水道水が移動することで，いい結果が得られない可能性がある。

③ 今回の実験では，薄層クロマトグラフィーの操作（薄層プレートを立てかける）に近い形（ろ紙片をビーカーの中にぶら下げる）で実験できる。

5．追加の実験

ビーカーに入れる液体（展開溶媒）を変えると，色素の運ばれやすさがどのように変化するかを確かめる実験をしてみたい。操作を以下に示す。

1）ろ紙片の先端から 1 cm ほどのところにペンで印をつける。

2）ビーカー（10 mL）に，展開溶媒を 1 mL ほど入れる。

3）2）のビーカーの中で 1）のろ紙片をぶら下げる。

4）ペンの色の移動を観察する。

展開溶媒はエタノールやヘキサンなど，実験でよく使うものでよい。

〔本実験は著者が中心になって検討した実験に改良を加えたものである〕

簡素化　思考力

4

10秒で炭素の検出

キーワード：沈殿反応
ポイント　：二又試験管や誘導管を使わない，石灰水による二酸化炭素の検出実験。

概　要

　炭酸塩と塩酸の反応や有機化合物の燃焼などで発生した気体（二酸化炭素）を石灰水で確認する実験は有名である。発生した気体を石灰水に通じるのに（二又）試験管や誘導管を用いるが，それらの器具がないと実験できないわけではない。

　空気よりも二酸化炭素の密度が大きいことを利用すれば，今回の実験のように，容器から容器へ容易に二酸化炭素を移すことができる。

図4.1　発生した二酸化炭素を注いでいる様子

実験プリント例

〔題　名〕

　元素の検出

〔目　的〕

　発生した気体を石灰水で同定する。

〔準　備〕

　1）炭酸カルシウムの入ったビーカー（10 mL）　　　　　　　　1／班

　2）石灰水（5 mL 程度）の入ったビーカー（10 mL）　　　　　1／班

　3）3 mol/L 塩酸の入った点眼瓶　　　　　　　　　　　　　　1／班

〔操　作〕

　1）ビーカーに入った炭酸カルシウムに塩酸を数滴滴下する。

　2）1）のビーカー内での反応（発泡）がおさまったら，発生した気体

　　を石灰水の入ったビーカーに注ぐ。

　　石灰水に変化が見られない場合は，ビーカーを軽く振る。

〔結　果〕

　1）炭酸カルシウムと塩酸の反応の様子を記録する。

　2）石灰水の変化の様子を記録する。

〔考　察〕

　1）炭酸カルシウムと塩酸の反応を説明せよ。

　2）発生した気体と石灰水の反応を説明せよ。

　3）炭酸カルシウムに含まれるどの元素が確認できたか説明せよ。

〔片　付〕

　ビーカーは，中身を下水に流し，水道水で洗浄して教卓に返す。

解　説

1. 実験の原理

　炭酸カルシウムと希塩酸（塩化水素の水溶液）が次式のように反応し，二酸化炭素を生じる。

$$CaCO_3 + 2\,HCl \longrightarrow CaCl_2 + H_2O + CO_2$$

　また，生じた二酸化炭素は，空気より密度が大きいので石灰水の入ったビーカーに注ぐことができる。注がれた二酸化炭素と水酸化カルシウムが次式のように反応し，炭酸カルシウムが生成し，石灰水が白濁する。

$$Ca(OH)_2 + CO_2 \longrightarrow CaCO_3 + H_2O$$

　この実験は二又試験管と誘導管を使って実験することが多い。

図 4.2　二又試験管を使った場合の実験の様子

2. 操作上の注意・ポイント

　① 最初に，石灰水の入ったビーカーを軽く振って，白濁しないことを確認させる。

　② 空調を止めて実験しないとビーカー内に発生した二酸化炭素がビーカーの外に出てしまい，量が少なくなり，注いでも石灰水がうまく白濁しない。

　③ 発生した気体を注ぐときは，ビーカー内の溶液や未反応の粉末が石灰水に入らないように慎重に傾けるように指示する。

　④ 器具のみを提示し，発生した気体を確認する実験を計画させること

で，思考力を育成することもできる。

3．実験の結果

　① 炭酸カルシウムと希塩酸が反応して発泡する。

　② 発生した気体は二酸化炭素であり，石灰水（水酸化カルシウム水溶液）に注ぐと，炭酸カルシウムが生じ，白濁する。

　③ 二酸化炭素が生じたことから，炭酸カルシウムの中に炭素と酸素が存在する可能性が出てくるが，酸素は空気中に大量に存在するので，この実験結果からは炭素の存在しか確認できない。

4．素材の話題

　① 火のついたろうそくを内側に立てた容器に，ドライアイスなどから生じた二酸化炭素を注ぐと火が消えるという実験も有名である。

　② 炭酸カルシウムの粉末に希塩酸を滴下すると二酸化炭素が生じることを示す化学反応式は，覚えていれば，簡単に答えられるだろう。しかし，「二酸化炭素が発生する変化をできる限り多く考え，それらの変化を示す反応式を書け」という質問をすると，思考力を養うことができる。

　③ 水と反応して二酸化炭素が発生するものとしては，入浴剤や入れ歯洗浄剤が思い浮かぶ。

　また，加熱することで二酸化炭素が発生する現象としては，カルメ焼きなどのお菓子づくりでの膨らませる過程が思い浮かぶ。

　このように二酸化炭素の発生はかなり日常的である。

5．追加の実験

　二酸化炭素が発生する反応として体内での反応があげられる。体内での反応によって吸気中よりも呼気中の二酸化炭素の方が多くなる。

　それを確認する実験は簡単である。操作を以下に示す。

　１）ビーカー（10 mL）に石灰水（5 mL）を入れる。

　２）１）の石灰水に息を吹きかけながら，ビーカーを軽く振る。

〔本実験は筆者が中心になって検討した実験に改良を加えたものである〕

5

かんぴょうで炎色反応

キーワード：炎色反応
ポイント　：身近な食品に含まれる元素の炎色反応を観察する。

概　要

　日常生活で見かける炎色反応として，塩をふった魚を焼いているときや味噌汁が吹きこぼれたときに生じる炎の色が紹介されている。これはナトリウムの炎色反応の色である。

　今回の実験では，扱いやすさから，かんぴょうを用いることにした。かんぴょうなら，棒状なので持ちやすく，そのまま持って，反対側の端を炎に入れれば，簡単に炎色反応を確認できる。

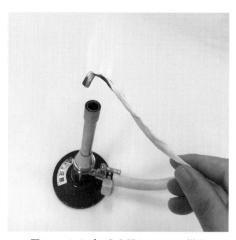

図5.1　かんぴょうを燃やしている様子

実験プリント例

〔題　名〕

　食品に含まれる成分元素の炎色反応による確認

〔目　的〕

　かんぴょうに含まれる元素を炎色反応で確認する。

〔準　備〕

　１）かんぴょう（10 cm）　　　　　　　　　　　　　　　１／班

　２）ガスバーナー・チャッカマン　　　　　　　　　　　　１／班

〔操　作〕

　かんぴょうの一端を持ち，反対側をガスバーナーの炎で燃やす。

〔結　果〕

　炎の色を記録する。

〔考　察〕

　１）炎色反応が起こる仕組みを簡潔に説明せよ。

　２）ガスバーナーの炎の色から，かんぴょうに含まれる成分元素を推測せ
　　　よ。また，かんぴょうの成分を調べて実験結果と比較せよ。

〔片　付〕

　かんぴょうは，水道水で濡らし，可燃のゴミ箱に捨てる。

解 説

1．実験の原理

　食品に含まれる元素を炎色反応で確認する。かんぴょうにはカリウムが含まれており，そのことは炎色反応で確認できる。

2．操作上の注意・ポイント

　① かんぴょうが棒状にならないときや短いときは，ピンセットを使って炎に入れる。また，火が手元まで来たら，流しか燃え差し入れにすぐに捨てて火傷しないようにする。

図5.2　干ししいたけを燃やしている様子

　② かんぴょう以外の食品を用いるのなら，燃やしやすい乾燥させたものを使うとよい。例えば，しいたけはカリウムを豊富に含んでいるので，干ししいたけなどが適している。

3．実験の結果

　かんぴょうを燃やしたときにカリウムの炎色反応（赤紫）が観察できることから，かんぴょうにカリウムが含まれていることが推測できる。

4．素材の話題

　① 身近な炎色反応の例として，よく紹介されるのが花火だが，色と元素の関係は表5.1のようになる。

　銅の炎色反応はよく緑色と表記されているが，この表では銅の化合物を使った花火の色は青色と表記されている。金属イオンの炎色反応の色は，対として存在する陰イオンの種類や状態が固体か水溶液かなどによって違ってくる。

表 5.1　花火の色と使用されている化合物の一例

色	赤色	緑色	青色
化合物	硝酸ストロンチウム	硝酸バリウム	酸化銅（Ⅱ）

［なにわ淀川はなび大会 https://www.yodohanabi.com/1551.html］

②　かんぴょうと干ししいたけの可食部100 g に含まれるアルカリ金属
などの量は表 5.2のようになっている。

表 5.2　成分元素の量（mg）

	かんぴょう	干ししいたけ
ナトリウム	3	14
カリウム	1,800	2,200
カルシウム	250	12

［文部科学省・食品成分データベース https://fooddb.mext.go.jp/］

5．追加の実験

　塩化銅（Ⅱ）や塩化ストロンチウムの水溶液を用いた炎色反応の実験もあわ
せて行っておきたい。操作を以下に示す。

　1 ）1 / 8 にカットしたろ紙（90 mm 径）片のとがった部分に水溶液を
　　　十分に染み込ませる。
　2 ）1 ）のろ紙片をピンセットでつまんで，水溶液が十分に染み込んだ
　　　とがった部分をガスバーナーの炎に入れる。十分に濡れていればろ紙
　　　片そのものが燃えることはない。

［本実験は東京都立戸山高等学校（当時）の大島輝義先生と筑波大学附属視覚特別支援
　学校（当時）の佐藤深五先生が中心になって検討した実験に改良を加えたものである］

コラム　575化学実験の発想法を大公開！①

　複数の教員が同一科目を教えていると，使いたいときに，実験室が使えないという状況によくなる。そこで，ホームルーム（HR）教室でできる実験を考えておいても損はない。その過程でいろいろな気づきが生まれ，それらが575化学実験の考案にもつながってきた。

　まずは熱源について考えてみたい。

　HR教室ではガスバーナーは使えないから，HR教室で行う実験の熱源を考えないといけない。お湯を持っていくという考えも浮かぶが，お湯はこぼれると火傷の原因になるので使いたくない。

　では，どのようなものが考えられるだろうか？

　例えば，使い捨てカイロはどうだろう。本書の実験26のように，エステル化の実験で使うことができる。ほかには，手のぬくもりも使える。ヨウ素の昇華や銀鏡反応は試験管を握って温めるだけで十分である。

　このように熱源について考えを巡らせるということは，反応温度という視点で実験を再検証することにほかならない。この検証の先には，安全性を重視した加熱器具選びという教材研究も見えてくる。

　次に電源について考えてみる。

　実験室のようにコンセントが机ごとにあるわけではないので，乾電池を持っていけば，いろいろと実験できるだろう。

　通常の乾電池だと，正極と負極が離れたところにあって，反対を向いているので，実験によっては不便である。そこで，9Vの積層電池を使うというアイデアを考えた。例えば，スチールウールを燃焼させる実験では，通常の乾電池だと両極と接触させるためにスチールウールを曲げる必要がある。だが，9V積層電池だと，両極は隣り合って同じ向きを向いているので，その部分をスチールウールに接触させるという操作だけですむ。

　本書でも触れているが，9Vの積層電池を使うことで，鉛蓄電池（実験13）や電気ペンの実験（実験14）をHR教室でも気軽にできるようになる。これで，電源の縛りから解き放たれ，実験を好きなところで手軽に行えるようになる。

第 2 章
物質の変化

【本章の実験動画・関連資料】

https://www.maruzen-publishing.co.jp/contents/575jikken/index.html#2

6

簡素化

銅はく（箔）で定比例の法則を確認

キーワード：定比例の法則，銅はく，酸化銅（Ⅱ）
ポイント ：粉末ではなく，はくを用いるため，生成物の飛散や未反応の心配が
　　　　　　ない。

概　要

　定比例の法則を確認する実験として，マグネシウムや銅の粉末の燃焼実験
が有名であるが，未反応を防ぐ，生じた酸化物を飛散させない，酸化物以外
の化合物が生じないようにする，といった工夫がいる。

　これらの工夫をしなくてもすむように，銅はくの加熱で定比例の法則を確
認することにした。銅はくを使うことで，各班にはほぼ同じ質量の銅が提供
でき，生成物の飛散や未反応の銅の存在を心配する必要もない。

図 6.1　銅はくを加熱している様子

実験プリント例

〔題　名〕

　定比例の法則の確認

〔目　的〕

　加熱による銅はくの質量変化から定比例の法則を確認する。

〔準　備〕

　　1）銅はく　　　　　　　　　　　　　　　　　　　1／班

　　2）ピンセット　　　　　　　　　　　　　　　　　1／班

　　3）電子てんびん（小数点以下3桁が測れるもの）　　1／班

　　4）ガスバーナー・三脚・金網・チャッカマン　　　　1／班

〔操　作〕

　　1）ピンセットを使って電子てんびんに乗せ，銅はくの質量を測る。

　　2）1）の銅はくをピンセットで，金網の上に乗せ，強火で加熱する。

　　　　銅はくの色が十分に変化しなかったら，ガスバーナーを持って上から

　　　　加熱する。

　　3）全体が十分に変色したら，放冷し，ピンセットを使って銅はくを電子

　　　　てんびんに乗せ，質量を測る。

〔結　果〕

　　1）加熱前後の色の変化を記録する。

　　2）加熱前後の質量の変化を記録する。

〔考　察〕

　　銅はくの質量変化から定比例の法則を確認せよ。

〔片　付〕

　　加熱したあとの銅はくは教卓に返す。

解　説

1．実験の原理

銅は酸化されて酸化銅（Ⅱ）になる。

$$2\,Cu + O_2 \longrightarrow 2\,CuO$$

銅はくの質量と加熱後の銅はくの質量から，反応した銅の質量と酸素の質量がわかる。それらの値から反応した単体の質量比がきれいな整数比になることがわかる。

図 6.2　加熱後の銅はくの様子

2．操作上の注意・ポイント

① 銅はくは金属製のピンセットで十分に扱える。

② 銅はくの形状のままで酸化されるので，そのまま電子てんびんに乗せられる。

③ 金網の上でうまく扱えない場合はステンレス皿を使ってもよい。その場合，ステンレス皿は事前によく加熱し，加熱による質量変化が起こらない状態とする。その上にはくを乗せて配って，そのまま質量の測定と加熱を行わせるとよい。

銅はくを適当に分割すれば，班ごとに質量の異なる銅はくを配布できる。そうすれば，班ごとに異なる実験結果が得られるので，各班の実験結果を集めれば，どのような値でも同じ整数値になることを示せる。

3．実験の結果

① 銅はくは酸化されることで色が変化していく。

② 加熱後の銅はくの質量から，加熱前の銅はくの質量を引けば，銅に結びついた酸素の質量が算出でき，銅の質量とそれに結びついた酸素の質量の比を計算することができる。

4．素材の話題

① 定比例の法則の確認実験として酸化の反応がよく使われるが，逆に定比例の法則が成り立つとして，酸化物の組成式と酸素の原子量を与えると金属の原子量を求めることもできる。

② マグネシウムの粉末を燃やすことで定比例の法則を確認する実験では，マグネシウムの粉末に一度火をつけるとそのまま燃焼し続けるので，操作としては楽である。しかし，粉末を山盛りにしてしまうと，マグネシウム粉末の山の奥では酸欠状態になって窒化物が生じることもある。

③ あえてマグネシウムの粉末を山盛りにして燃焼させると，マグネシウムの窒化物を簡単につくることができる。窒化物の実験としては，窒化マグネシウムの色や水との反応（アンモニアの生成）の観察もお勧めである。

5．追加の実験

銅はくをホットプレートで加熱すると設定温度や加熱時間によって異なる色になる。この色の変化については高校生が研究している[1]。得られる色は赤褐色，銀白色，金色，緑色と多彩である。ぜひ，試してみたい。

以下に操作を示す。

１）ホットプレートの電源を入れ，温度を250 ℃に設定する。

２）小さく切った銅はくをピンセットでホットプレートに乗せる。

３）好みの色になったら，銅はくをピンセットで取る。

レジンなどを使ってアクセサリーにする実践も報告されている。

1）門口 尚広，“銅箔の色調変化の研究”，第58回日本学生科学賞 全日本科学教育振興委員会賞，2014. http://sec-db.cf.ocha.ac.jp/pdf/58_seikagaku_HC16.pdf ＜2022/03/24 閲覧＞

〔本実験は東京都立戸山高等学校（当時）の大島輝義先生が中心になって検討した実験に改良を加えたものである〕

7

シュウ酸で量的関係を確認

キーワード：量的関係
ポイント　：希塩酸の使用を避け，濃度計算を不要にした。

概　要

　量的関係の実験としては炭酸カルシウムと希塩酸の反応を使う実験が有名である。この実験の利点は発生した二酸化炭素を質量で測定できる点にあるが，課題としては，希塩酸を使うため濃度に関する計算をしないといけない点があげられる。

　そこで，質量で測定が可能な二酸化炭素の発生という点は残しつつ，粉末のシュウ酸を使うことで濃度に関する計算を回避した。

図 7.1　電子てんびん上の操作の様子

実験プリント例

〔題　名〕
　量的関係を確認する。

〔目　的〕
　シュウ酸と炭酸水素ナトリウムを使って量的関係を確認する。

〔準　備〕
　1）シュウ酸（小瓶入り）　　　　　　　　　　　　　　1／班
　2）炭酸水素ナトリウム（小瓶入り）　　　　　　　　　1／班
　3）ビーカー（100 mL）　　　　　　　　　　　　　　2／班
　4）薬さじ　　　　　　　　　　　　　　　　　　　　1／班
　5）電子てんびん　　　　　　　　　　　　　　　　　1／班

〔操　作〕
　1）電子てんびんにビーカー（100 mL）を二つ乗せる。
　2）1）のビーカーの一方に水道水（50 mL ほど）を入れ，零点調整する。
　3）空のビーカーの方に炭酸水素ナトリウム（大さじ1杯ほど）を入れ，質量を記録し，零点調整する。
　4）3）の炭酸水素ナトリウム入りのビーカーにシュウ酸（大さじ1杯ほど）を入れ，質量を記録し，零点調整する。
　5）電子てんびんから離れたところで，4）の水道水を試薬の入ったビーカーに移し，ビーカーを振って反応させる。
　6）5）のビーカー内の気体発生がおさまったら，二つのビーカーを電子てんびん上に戻し，下敷きなどでビーカー内を少し扇ぎ，電子てんびんの値を記録する。

〔結　果〕
　試薬の質量と発生した二酸化炭素の質量を記録する。

〔考　察〕
　すべて反応した試薬と発生した二酸化炭素との量的関係を確認する。

〔片　付〕
　ビーカーは，中身を廃液用ビーカーに捨て，水道水で洗ったのち，返却する。

解　説

1．実験の原理

炭酸水素ナトリウムとシュウ酸は次式のように反応する。

$$2\,NaHCO_3 + H_2C_2O_4 \longrightarrow Na_2C_2O_4 + 2\,H_2O + 2\,CO_2$$

発生した二酸化炭素は質量の減少として測定できる。

　質量と化学反応式からすべて反応する試薬を推定し，その試薬と発生する二酸化炭素の物質量比に関して，化学反応式から得られるものと実験から得られたものの比較ができる。

	シュウ酸		炭酸水素ナトリウム		すべて反応してしまう化合物（=A）の名称	Aの物質量から算出した二酸化炭素の質量	発生した二酸化炭素の質量
	質量	物質量	質量	物質量			
1班							
2班							
3班							
⋮	⋮	⋮	⋮	⋮	⋮	⋮	⋮

図7.2　すべて反応する試薬を確認する際の板書例

2．操作上の注意・ポイント

　① 試薬をこぼさないようにする。とくに電子てんびんの上にはこぼさないように注意する。

　② 試薬の入ったビーカーに水道水を入れるときに一気に入れると，激しく気体が発生し，水溶液がビーカーの外に吹きこぼれる。そこで，少しずつ入れるように事前に指示しておくとよい。

　③ 水道水と試薬の入ったビーカーを軽く振って反応させるが，その際に，水溶液がこぼれないようにする。

3. 実験の結果

① 炭酸水素ナトリウムとシュウ酸が反応して二酸化炭素が発生する。

② 二酸化炭素の発生量は質量の減少として測定できる。

③ 炭酸水素ナトリウムとシュウ酸の物質量は質量から計算できる。また，化学反応式の係数比からどちらがすべて反応するか判断できる。

④ すべて反応してしまう化合物と発生した二酸化炭素の物質量の比が，実験結果とかなり近い値になる。

4. 素材の話題

今回の実験では，炭酸水素ナトリウムとシュウ酸を用いているが，この素材に至った過程を以下に示す。教材研究の参考にしてほしい。

① 今回の実験の特徴は，濃度計算を避け，操作を質量の測定だけに絞ったことにある。一方が過剰になるように質量を指定すれば操作はさらにシンプルになる。

② 中和滴定で使う試薬なので，慣れてほしいという思いから，シュウ酸を使うことにした。

③ よく使われる炭酸カルシウムは，式量が100なので計算しやすいが，シュウ酸を用いるとシュウ酸カルシウムの沈殿ができてしまうため，使用を避けた。

④ 炭酸水素ナトリウムの代わりに炭酸ナトリウムを用いることもできる。炭酸ナトリウムなら反応するシュウ酸との物質量の比が1：1になって計算しやすい。一方，ここで使った炭酸水素ナトリウムならモル質量の比が3：2と簡単な整数比になるので，過不足なく反応する質量を計算するのが容易になるという利点がある。

5. 追加の実験

粉末の酸としてクエン酸と過剰の炭酸水素ナトリウムを反応させ，発生した二酸化炭素の質量から，クエン酸の価数を算出してみるのもよい。

〔本実験は著者が中心になって検討した実験に改良を加えたものである〕

8

クエン酸でアレニウスの定義を確認

キーワード：酸，アレニウスの定義，クエン酸，電離
ポイント　：粉末の酸を用いることで，アレニウスの定義への理解を深める。

概　要

　酸とはアレニウスの定義では "水にとけて水素イオンを生じる物質である" となっている。そこで，粉末の酸であるクエン酸とマグネシウムとの反応を考えてみる。

　クエン酸が粉末のままではマグネシウムと接触させても反応しない。しかし，水を加えると反応し始める。この操作によって，アレニウスの定義の "水にとけて" という部分を印象付けられる。

図 8.1　粉末のクエン酸とマグネシウムリボンの入った試験管

実験プリント例

〔題　名〕
　酸と金属の反応
〔目　的〕
　クエン酸とマグネシウムの反応に水が必要であることを確認する。
〔準　備〕
　1）クエン酸（大さじ1杯）の入った試験管　　　　　　　　　1／班
　2）マグネシウムリボン（1 cm）　　　　　　　　　　　　　1／班
　3）チャッカマン　　　　　　　　　　　　　　　　　　　　1／班
　4）ゴム栓　　　　　　　　　　　　　　　　　　　　　　　1／班
〔操　作〕
　1）クエン酸の入った試験管にマグネシウムリボンを入れ，試験管の口に
　　　チャッカマンの火を近づける。
　2）1）の試験管に水道水（3 mL ほど）を加え，試験管の口にゴム栓を
　　　ふた替わりにさかさまして乗せる。
　3）マグネシウムリボンの表面を観察する。その後，ゴム栓をどかし，す
　　　ぐに試験管の口にチャッカマンの火を近づける。
〔結　果〕
　クエン酸とマグネシウムの反応について，水がない場合とある場合を比較
する。
〔考　察〕
　水溶液中での酸の電離を踏まえ，マグネシウムのクエン酸との反応につい
て説明せよ。
〔片　付〕
　試験管は，中身を下水に流し，水道水で洗って返却する。

解　説

1．実験の原理

　水素が発生しないことから，粉末のクエン酸とマグネシウムは反応しない
ことが確認できる。続いて水道水を加えると，マグネシウム表面に泡が発生
し，着火によりその気体が水素であると確認できる。

　これらのことから，酸（HX）が金属（マグネシウムなど）と反応するに
は，次式のように，水の中で電離することが必要であることがわかる。

$$HX \longrightarrow H^+ + X^-$$
$$Mg + 2H^+ \longrightarrow Mg^{2+} + H_2$$

2．操作上の注意・ポイント

　① クエン酸の量は多くても構わない。教
員が事前にすべての試験管に入れるときは，
こぼれてもよいように試験管立ての下に紙を
敷いて，薬さじ1杯分ずつ入れていき，こ
ぼれたクエン酸は回収して再利用する。

　② マグネシウムリボンは短い方がよい。
すべて反応してしまう方が片付けの際に楽で
ある。もし未反応のものが残ったら，教卓に
持ってこさせ，塩酸などで反応させてしま
う。

　④ 間違えて密栓しないように，ふた替わ
りのゴム栓は，試験管にぎりぎり入らないも
のがよい。

**図8.2　水道水を加えてゴム栓
でふたをしたときの様
子**

3．実験の結果

　① 粉末のときは，クエン酸がマグネシウムリボンに接していても，水素
の発生は確認できない。

　② 粉末のクエン酸とマグネシウムリボンが接しているところに水を加えると，水素の発生が泡や着火で確認できる。

　③ クエン酸が酸として働き，金属と反応して水素が発生するためには水が必要だとわかる。

４．素材の話題

　① クエン酸は，果物に含まれていたり，清涼飲料水に入っていたりする。

　② クエン酸は，水への溶解が吸熱反応なので，水に溶かすと冷たくなる。

　③ クエン酸以外に，固体（粉末）の酸にはどのようなものがあるかなど，聞いてみてもよい。回答としてアスコルビン酸（ビタミン C）やシュウ酸などがあがると思われる。

５．追加の実験

　クエン酸の水への溶解が吸熱反応であることを手のひらで体感する実験を行ってもよい。操作を以下に示す。

　１）くぼませた手のひらにクエン酸を薬さじ１杯分取る。

　２）１）のクエン酸に水道水を滴下する。

　水道水だけを手のひらに滴下した場合は冷たさが減じるが，クエン酸があると冷たさが増すか，少なくとも持続する。

　手のひらに直接試薬を取ることが気になるのであれば，食品用ラップを手のひらに敷いて実験するとよい。

　水道水が冷たいと吸熱反応が実感し難いので夏向きの実験である。

〔本実験は著者が中心になって検討した実験に改良を加えたものである〕

9

酢酸とアンモニアを混ぜて消臭

キーワード：中和反応，消臭
ポイント　：消臭の仕組みを中和反応の視点から考えさせる。

概　要

　"酢酸もアンモニアも特徴のある臭いがするが，両者を混ぜるとどのような臭いがするだろうか"という問いから始める。ここで自由に発想させ，いろいろな回答を得たい。

　その後，酢酸水溶液に水酸化ナトリウム水溶液を加え，臭いの変化を体験させ，中和による消臭の仕組みを考えさせる。そして，もう一度最初の問いについて考えさせ，実際に体験させる。

図9.1　酢酸とアンモニアが含まれている商品

実験プリント例

〔題　名〕

　中和反応と臭い

〔目　的〕

　臭いの変化を伴う中和反応を体験する。

〔準　備〕

1）1 mol/L 酢酸水溶液	1／班
2）1 mol/L 水酸化ナトリウム水溶液	1／班
3）1 mol/L 塩酸	1／班
4）1 mol/L アンモニア水	1／班
5）ビーカー（10 mL）	2／班

〔操　作〕

　1）酢酸にアンモニア水を混ぜたときの臭いを予想する。

　2）酢酸をビーカー（10 mL）に数滴滴下し，臭いを確認する。その後，
　　　水酸化ナトリウム水溶液を同じだけ滴下し，臭いの変化を確認する。

　3）2）の水溶液に塩酸を加えていき，臭いの変化を確認する。

　4）1）の問いについて再度考え，ビーカー（10 mL）にアンモニア水
　　　と酢酸を同じだけ滴下して臭いを確認する。

〔結　果〕

　各操作における臭いの変化を記録する。

〔考　察〕

　1）酢酸水溶液に水酸化ナトリウム水溶液を加えたときと，そのあとに塩
　　　酸を加えていったときの臭いの変化が起こる理由を説明せよ。

　2）アンモニア水に同濃度の塩酸を同体積加えたときと，そのあとに水酸
　　　化ナトリウム水溶液を加えていったときの臭い変化を予想せよ。ま
　　　た，そのように予想した理由を説明せよ。

　3）アンモニア水と酢酸水溶液の混合での臭いの変化を説明せよ。

〔片　付〕

　ビーカーは，中身を下水に流し，水道水で洗って返却する。

解　説

1．実験の原理

　中和反応を利用した消臭を体験するものである。例えば酢酸分子は酢酸イオンになることで臭いがしなくなる。

$$CH_3COOH + OH^- \longrightarrow CH_3COO^- + H_2O$$

　だが，そこに塩酸などの酢酸よりも強い酸を加えると酢酸分子が生じて臭いがしてくる。

$$CH_3COO^- + H^+ \longrightarrow CH_3COOH$$

　分子がイオンになって臭わなくなる変化は，弱酸と弱塩基の組合せでも起こるので，酢酸にアンモニア水を加えても臭いがしなくなる。

図 9.2　ビーカーに滴下している様子

2．操作上の注意・ポイント

　① 濃度が 1 mol/L なので臭いを嗅ぐとき顔を近づけすぎないように指示する。

　② 水溶液を追加していく実験なので，最初の液量は多くても1 mL 程度にするとよい。

　③ 時間や試薬に余裕がある場合には，アンモニア水に塩酸を加えて，そのあとに水酸化ナトリウム水溶液を加える実験も実際に行うのもよい。

　④ 強弱の違いはあるものの，すべて 1 価で，同濃度なので，同体積を加えることで過不足なく中和が完了する。

　⑤ 臭いを嗅ぐため，塩酸だと気体の塩化水素が出てくることが気になる

場合は，硫酸を使ってもよい。

3．実験の結果

①　同濃度の酢酸と水酸化ナトリウム水溶液を同体積加えると，酢酸がすべて中和されてイオンになるので臭いがしなくなる。

②　臭わなくなった酢酸と水酸化ナトリウム水溶液の混合物に塩酸を加えていくと酢酸の臭いが再びしてくる。

③　同濃度の酢酸とアンモニア水を同体積混合すると，両方の臭いがしなくなる。

4．素材の話題

①　最初の発問に対して，臭いが消える，混ざった臭いがする。アンモニアでも酢酸でもない臭いがする，という回答が考えられる。

②　中和による消臭の仕組がわかっても，塩酸や水酸化ナトリウム水溶液を用いた実験と，酢とアンモニア水を混ぜる実験とでは，酸や塩基の強弱が違うので，同じ結果にはならないと考える生徒もいるかもしれない。この考えから，中和滴定で酸や塩基の強弱が関係ないことに話を展開できるとよい。

③　食酢中の酢酸の濃度を中和滴定で求める実験はよく行われるが，水酸化ナトリウム水溶液を薄めた食酢に滴下していくと臭いがしなくなることに注目させるとよい。

④　予想したあとに実際に実験してみるという流れを身につけさせたい。

5．追加の実験

酸の強弱（塩酸＞酢酸＞炭酸）も臭いの変化で確認できる。以下に操作を示す。

1）1 mol/L 酢酸に塩化ナトリウム（塩酸の塩）を加え，臭いを確認する。

2）1 mol/L 酢酸に炭酸ナトリウム（炭酸の塩）を加え，臭いを確認する。

塩化ナトリウムを加えても臭いは変化しないが，炭酸ナトリウムの方は酢酸の分子が炭酸イオンと反応して酢酸イオンになり，臭いが消える。

〔本実験は著者が中心になって検討した実験に改良を加えたものである〕

コラム 粉末の酸を使った実験

　575化学実験では，水溶液なので扱いがむずかしい希塩酸や希硫酸の代替として，安全性の高いクエン酸など粉末の酸を使うように意識した。

　本書の実験8で触れているが，クエン酸は，酸としての働きを調べる実験のほかに溶解熱の実験などでも使える。また，シュウ酸も中和滴定のほかに量的関係の実験などに使える。

　クエン酸やシュウ酸のほかにも粉末の酸はあるが，よくある実験でも粉末の酸を使うとひと味もふた味も違ったものにできる。

　例えば，中和滴定で粉末の素材を使った問題を見かけるが，それを実際にやってみるのも面白い。ホールピペットで水溶液をコニカルビーカーに取る操作が省ける。

　粉末の酸を中和滴定に使うのであれば，ステアリン酸を使うのもお勧めである。ステアリン酸に水酸化ナトリウム水溶液を滴下していくと，ステアリン酸ナトリウム水溶液ができるので，コニカルビーカーを振ると泡立つ。せっけんづくりに中和法というものがあるが，それを体験できる。

　これほど凝った実験でなくとも，粉末の酸は活躍している。

　例えば，アゾ染料の合成では，フェノールの代わりに2-ナフトールを使ったものがよく知られている。これは，安全性の向上が主な目的だろうと思われるが，断然扱いやすくなっている。

　粉末の酸ではないが，濃硫酸などを使っている実験でそれらの代わりに粉末の物質を使うという発想は教材開発に重要な視点である。例えば，触媒としての濃硫酸の代わりに硫酸水素ナトリウム（粉末）を使うという工夫も，安全性だけでなく操作の簡便性も目指した改善であるといえるだろう。本書で取り上げたエステルの合成（実験26）がそれにあたる。

　ほかには，触媒である濃硫酸の代わりになるものとしてゼオライトも有名である。フェノールフタレインやフルオレセインの合成ではゼオライトを使うことで安全性が増す。濃硫酸以外の試薬を扱うときは教科書の表記との違いがあることに留意が必要だが，生徒実験として体験させやすくなる。

第 3 章
物質の状態と平衡

【本章の実験動画・関連資料】

https://www.maruzen-publishing.co.jp/contents/575jikken/index.html#3

10

水蒸気でマッチを燃やす

キーワード：状態変化，高温水蒸気
ポイント　：専用の銅管を用いずに，高温水蒸気でマッチを燃やす。

概　要

　高温にした水蒸気でマッチを発火させる実験では，何重にも巻いた銅管を使ったものがよく紹介されている。そのため，この実験を行うには，何重にも銅管を曲げるか，曲げてある専用の銅管を購入する必要があると思い込みがちである。しかし，実際には銅管を曲げる必要はないので，ぜひ，体験してほしい。火を消すために用いられる水でも，高温の水蒸気になると危険であることを実感できるよい教材である。

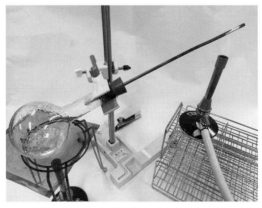

図 10.1　高温の水蒸気を発生させる装置

実験プリント例

〔題　名〕

　高温水蒸気によるマッチの発火

〔目　的〕

　高温にした水蒸気でマッチが発火するかどうかを確認する。

〔準　備〕

　1）銅管（穴の開いたゴム栓に差し込んである）　　　　　　1／班

　2）丸底フラスコ（300 mL）　　　　　　　　　　　　　　1／班

　3）スタンド・クランプ　　　　　　　　　　　　　　　　1／班

　4）ガスバーナー・三脚・金網・チャッカマン　　　　　　1／班

　5）ガスバーナー・ラボジャッキ　　　　　　　　　　　　1／班

　6）マッチ棒　　　　　　　　　　　　　　　　　　　　　2／班

〔操　作〕

　1）丸底フラスコに水道水を1／3ほど入れ，銅管が差し込まれているゴ
　　　ム栓でふたをする。

　2）1）の丸底フラスコを，クランプを使って，スタンドに斜めに固定
　　　し，ガスバーナーで加熱する。

　3）2）の銅管から出る湯気にマッチ棒を当てて発火するか確認する。

　4）3）の湯気が出ている口のすぐ近くの銅管を，ラボジャッキで持ち
　　　上げた別のガスバーナーで加熱し，銅管から出てくる水蒸気にマッチ
　　　棒を当てて発火するか確認する。

〔結　果〕

　1）銅管から出てくる水蒸気の変化を記録する。

　2）マッチの発火について，加熱前と加熱後について記録する。

〔考　察〕

　マッチの発火の有無から水蒸気の温度について考えを述べる。

〔片　付〕

　マッチは燃え差し入れに捨てる。

解 説

1. 実験の原理

　水蒸気を通じた銅管の先端を加熱することで高温の水蒸気を容易に得ることができる。その温度はマッチが発火するほどである。

図 10.2　よくある高温水蒸気を発生させる装置
[https://www.scibox.jp/products/c15-7580/]

2. 操作上の注意・ポイント

　① 火傷には十分注意してほしい。火を消したあとの器具類の温度は表面の様子からではわからないので，とくに片付けの際には注意してほしい。

　② 丸底フラスコを傾ける際，銅管の口は人のいない方に向ける。銅管の口の先の方には立たない。

　③ マッチは銅管の口になるべく近づけるとよい。だが，加熱している最中の銅管に接触してもマッチは発火するので，銅管には接しないように注意しながら，マッチを横から銅管の口の先に近づけるとよい。

　④ 銅管の口の付近を加熱するガスバーナーはラボジャッキで高くすることをお勧めするが，演示実験で見せるときに，ラボジャッキがなかったら，手で持って高くしてもよい。

　⑤ マッチが発火しても，火は水蒸気によって吹き消されてしまうので，発火したらすぐに銅管から離した方がよい。

　⑥ 銅管は，加熱によって少し曲がってしまうことがあるが，実験には影響しないので，繰返し使える。

3．実験の結果

通常の水蒸気ではマッチは発火しないが，さらに加熱することで，マッチが発火する温度まで達するので，マッチが発火する。

4．素材の話題

① 自然界における高温の水蒸気の危険性を説明してもよい。日本は火山の多い国なので，火山の噴火に伴う高温の水蒸気の発生には注目させたい。例えば，火砕流では火山性ガスを含む数百℃の水蒸気が高速で移動する。

② 引火と発火の違いを説明してもよい。火が近くになくても，自然に燃え出す温度が発火点である。ちなみに紙の発火点は450℃くらい，今回の実験で用いたマッチの頭薬は150〜200℃である。また，火が近くにあってもある温度よりも高温になっていないと，物質は燃えない。その温度が引火点である。

表10.1　身近な物質の発火点と引火点

物質名	アセトン	酢酸	エタノール
発火点（℃）	465	485	400
引火点（℃）	−18	39	12

［国際化学物質安全性カードより］

5．追加の実験

今回の実験装置では，紙は発火しない。つまり，今回の実験で得られた水蒸気の温度は，マッチの発火点より高いが，紙の発火点よりは低いことになる。そこで，水蒸気を加熱するガスバーナーを増やして紙が燃えるか試してみるのもよい。

〔本実験は著者が中心になって検討した実験に改良を加えたものである〕

11

身　近　簡素化　実　感

手のひらで反応熱を確認

キーワード：反応熱，溶解熱，発熱反応
ポイント　：コーヒーフレッシュの空き容器を使い，反応熱を手軽に体感できる。

概　要

　試験管の中に入れたクエン酸やメタノールなどに水道水を加えると，クエン酸では冷たく感じ，メタノールでは温かく感じる。

　このようにして反応が発熱か吸熱かを体感させる実験では，試験管の厚みのため，試薬によっては体感させることがむずかしい。

　そこで，ここではコーヒーフレッシュの空き容器を用いた。手に乗せやすい大きさで，少量の試薬でも熱の出入りが手のひらに伝わる厚さのため，生徒がより体感しやすい実験となる。

図 11.1　コーヒーフレッシュの容器を乗せた手のひら

実験プリント例

〔題　名〕
　手のひらで反応熱を体感する。

〔目　的〕
　塩化亜鉛の溶解熱（発熱）を手のひらで体感する。

〔準　備〕
　塩化亜鉛（小さじ1杯）の入ったコーヒーフレッシュの空き容器

　　　　　　　　　　　　　　　　　　　　　　　　　　　　　1／班

〔操　作〕
　塩化亜鉛の入ったコーヒーフレッシュの容器を手のひらに乗せ，水道水を2滴ほど滴下する。

〔結　果〕
　水道水を加える前後の温度の変化（体感）を記録する。

〔考　察〕
　塩化亜鉛の溶解熱を使って今回の結果を説明せよ。

〔片　付〕
　試薬の入ったコーヒーフレッシュの容器はそのまま，教卓上の専用容器に入れる。

解 説

1．実験の原理

　今回の試薬では，直接手のひらに試薬を乗せることはできない。また，試験管ではガラスの厚みで熱がなかなか伝わらない。

　そこで，厚みがちょうどよいコーヒーフレッシュの空き容器と発熱量がそれなりに大きい塩化亜鉛を用いた。

2．操作上の注意・ポイント

　① 塩化亜鉛は白色なので，使用するコーヒーフレッシュの容器は白以外が望ましい。茶色などがよくあるので，できる限り，それを使うとよい。

　② 塩化亜鉛は試薬の量と水道水の量の加減によってはかなり熱くなるので注意が必要である。

　熱く感じたら手のひらからすぐに降ろすように指示しておくか，水道水を加えてから，容器の底を軽く手のひらにつけて熱を感じとるように指示しておくとよい。

　③ 片付けでは，水溶液が入ったままの容器を1Lくらいのポリビーカーにすべての班に入れさせたあと，教員の方でポリビーカー内に水道水を流し続け，水溶液が十分に流れ出たら，コーヒーフレッシュの容器を取り出して乾かせばよい。

3．実験の結果

　塩化亜鉛に水道水を滴下したときの発熱を手のひらで体感できる。

4．素材の話題

　① 塩化亜鉛の水への溶解は73 kJ/mol の発熱反応である。

　② 塩化亜鉛は試験管に入れてガスバーナーで加熱すると融解する。低融点のイオン結晶としても使える。

　③ コーヒーフレッシュの空き容器は持ち運びも容易なので，加熱を伴わ

ない実験のスモールスケール化に利用できる。例えば，塩の水溶液の pH の確認や水溶液の混合による沈殿生成の確認ができる。

5．追加の実験

化粧品に使われているグリセリンと手の水分の反応で，発熱反応を体感できる。操作は，グリセリンを手のひらに 2 滴ほど垂らして擦り込むだけでよい。

図 11.2　手のひらにグリセリンを滴下したときの様子

実験後は手を水道水でよく洗う。

薬局で売られているグリセリンは約 90 ％水溶液なので，この実験では温かさを感じず不向きである。試薬の純度 100 ％のグリセリンを用いるとよい。

一緒にエタノールを手のひらに滴下する実験を行うと面白い。エタノールも水への溶解は発熱なので，手のひらの水分と反応して温かさを感じそうだが，実際は，蒸発して冷たく感じる。つまり，エタノールは蒸発しやすいので，溶解熱よりも蒸発熱の吸熱の方を強く感じる。

グリセリンは粘性のある液体で，室温での蒸気圧はエタノールの蒸気圧に比べるとかなり低い。

〔本実験は著者が中心になって検討した実験と，東京都立三鷹中等教育学校（当時）の伊藤容子先生が中心になって検討した実験に改良を加えたものである〕

12

数滴でダニエル電池

キーワード：電池，ダニエル電池，一次電池
ポイント　：使用液量が少なく，プロペラの回転の復活も容易なダニエル電池。

概　要

　電池の仕組みを理解してもらうために，金属樹の実験に続いて，このダニエル電池の実験はよく取り上げられる。しかし，ビーカーを使うとかなりの液量になってしまう。そこで，セロハンやろ紙を使って水溶液を少量ですむように工夫したり，授業展開を工夫したりする教材研究がなされている。今回は，セロハンを使って，装置の組立てを工夫することでプロペラの回転の復活を容易にした。

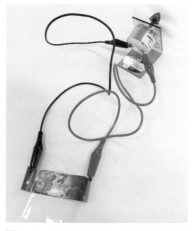

図 12.1　セロハンを使ったダニエル電池

実験プリント例

〔題　名〕

　ダニエル電池

〔目　的〕

　ダニエル電池でモーターを回し，活物質への理解を深める。

〔準　備〕

1）銅板（片方の端が折り曲げてある）	1／班
2）亜鉛板（片方の端が折り曲げてある）	1／班
3）セロハン	1／班
4）1 mol/L 硫酸銅（Ⅱ）水溶液	1／班
5）0.1 mol/L 硫酸亜鉛水溶液	1／班
6）プロペラ付きモーター，導線（2本）	1／班

〔操　作〕

　1）亜鉛板に硫酸亜鉛水溶液を1滴ほど滴下し，その上に，セロハンを乗せる。その際，セロハンの左側から亜鉛板の折り曲げた部分をはみ出させる。

　2）1）のセロハンの上に硫酸銅（Ⅱ）水溶液を1滴ほど滴下し，その上に，折り曲げた部分が右側になるように銅板を乗せ，上から強く押し付ける。

　3）亜鉛板と銅板の折り曲げた部分を導線でプロペラの端子につなぎ，プロペラの回転を確認する。

　4）プロペラの回転が止まったら，セロハンと銅板の間に硫酸銅（Ⅱ）水溶液を滴下し，モーターの回転を確認する。

〔結　果〕

　プロペラの回転についてまとめる。

〔考　察〕

　正極での反応と実験結果を踏まえ，正極活物質について説明せよ。

〔片　付〕

　金属板は廃液用ビーカーの上で，水道水で軽く洗って，返却する。

解　説

1．実験の原理

　亜鉛板が溶けて，電子を出し，銅板上で銅イオンが電子を受け取って，銅の単体になる反応が起きている。この反応が駆動力となって電子が導線を流れ，電池になる。

$$負極　Zn \longrightarrow Zn^{2+} + 2\,e^-$$
$$正極　Cu^{2+} + 2\,e^- \longrightarrow Cu$$

　負極活物質は亜鉛で，正極活物質は銅（Ⅱ）イオンである。モーターが回らなくなったときに，銅（Ⅱ）イオンを追加すると再びモーターが回ることから，銅（Ⅱ）イオンが，電池にとって重要な役割を担っていることがわかる。

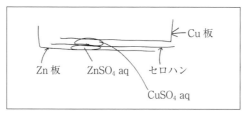

図12.2　ダニエル電池を組み立てる際の板書例

2．操作上の注意・ポイント

　① 水溶液がセロハンと金属板をくっつけるので，金属板を押し付けたあとは手を離しても大丈夫である。

　② モーターをつなげたときに回らない場合には，さらに強く押すと電極間の距離が縮まって動くようになる。それでも回らなかったら，銅板とセロハンの間に硫酸銅（Ⅱ）水溶液を追加するとよい。

3．実験の結果

　① 装置を組み立てて接続するとモーターが回転する。

　② モーターの回転が止まってから，硫酸銅（Ⅱ）水溶液を滴下すると再び

モーターが回転し始める。

４．素材の話題

　① 両極の反応から考えて，ダニエル電池の正極は銅板である必要はないことがわかる。つまり，炭素棒でも構わない。

　② 酸と金属の反応からボルタ電池へと話を展開できる。ボルタ電池の両極の反応を一つにまとめると，亜鉛と硫酸の反応になる。

　同様に，ダニエル電池は，両極の反応を一つにまとめると次式になる。

$$Zn + Cu^{2+} \longrightarrow Zn^{2+} + Cu$$

　これは銅樹ができる反応と同じである。銅樹では亜鉛板の表面で同時に起こっている反応が，亜鉛が亜鉛イオンになる反応が亜鉛板上で，イオン状態の銅が単体になる反応が銅板上で，というように別々の場所で起きることで電池になっている。

　このことから，銀樹のできる銅板と硝酸銀水溶液の組み合わせでも電池になると考えられる。今回の実験を，銅板と硫酸銅（Ⅱ）水溶液と硝酸銀水溶液と銀板（炭素棒）で行ってみてもよい。

５．追加の実験

　負極の亜鉛板をつける水溶液は硫酸亜鉛水溶液である必要がないことを確かめる実験をするのもよい。操作を以下に示す。

　１）亜鉛板に食塩水などを滴下し，その上にセロハンを乗せる。

　２）１）のセロハンの上に硫酸銅（Ⅱ）水溶液を滴下し，銅板を乗せて両極をモーターに接続する。

〔本実験は東京都立多摩科学技術高等学校（当時）の亀井善之先生が中心になって検討した実験に改良を加えたものである〕

13

簡素化 思考力

導線不要の鉛蓄電池

キーワード：鉛蓄電池
ポイント ：導線をなくすことで，準備と作成の手間を大幅に簡略化。

概　要

　充電ができる電池（バッテリー）として，身近なものでは鉛蓄電池が有名である。今回はこの鉛蓄電池の実験を大幅に簡素化し，実際に体験できるようにした。

　充電にせよ，放電にせよ，電池の部分と外部電源やモーターをつなぐための導線が必要である。この導線だが，数が足りないとか，錆びていて接触が悪いとかで，実験を妨げる要因になる。そこで，積層電池をうまく使って導線なしで実験できるようにした。

図 13.1　充電後にモーターを回している様子

実験プリント例

〔題　名〕

　　鉛蓄電池の充電と放電

〔目　的〕

　　鉛蓄電池を充電してモーターを回す。

〔準　備〕

　　１）鉛板　　　　　　　　　　　　　　　　　　　２／班
　　２）ろ紙（90 mm 径）　　　　　　　　　　　　　１／班
　　３）９V 積層電池　　　　　　　　　　　　　　　 １／班
　　４）３ mol/L 硫酸水溶液　　　　　　　　　　　　 １／班
　　５）プロペラ付きモーター　　　　　　　　　　　 １／班

〔操　作〕

　　１）２枚の鉛板を，板書の図（図13.2）を参考にし，ろ紙と組み合わせ
　　　　る。

　　２）鉛板の間に３ mol/L 硫酸が染み込むように，ろ紙上に数滴滴下する。

　　３）モーターの端子をそれぞれ別の鉛板に接触させて，プロペラの回転を
　　　　観察したら，モーターを離す。

　　４）９V 積層電池の両極をそれぞれ，板書の図（図13.2）のように，鉛
　　　　板に接触させて充電する。

　　５）９V 積層電池を離したのちに，モーターを接触させて，プロペラの
　　　　回転を観察する。

〔結　果〕

　　１）充電前と充電後のモーターの回転についてまとめる。

　　２）充電時の様子と充電後の鉛板の色を記録する。

〔考　察〕

　　放電時，両極に起きた変化を説明せよ。

〔片　付〕

　　１）ろ紙は可燃のゴミ箱に捨てる。

　　２）鉛板は無機廃液用ビーカーの上で水道水を使って洗って返却する。

解　説

１．実験の原理

　正極と負極をろ紙で隔て，そのろ紙に希硫酸を染み込ませることで，鉛蓄電池にしている。積層電池をろ紙の同じ側にある正極と負極になる電極に押し付けるだけで充電でき，モーターの端子をろ紙の同じ側にある正極と負極に押し付けるだけで放電によるプロペラの回転が確認できる。

負極　$Pb + SO_4^{2-} \longrightarrow PbSO_4 + 2\,e^-$

正極　$PbO_2 + SO_4^{2-} + 4\,H^+ + 2\,e^- \longrightarrow PbSO_4 + 2\,H_2O$

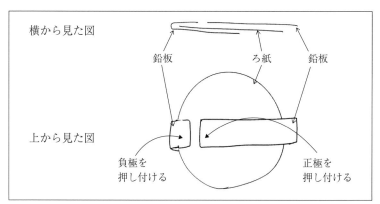

図 13.2　ろ紙と鉛板で組み立てる鉛蓄電池の板書例

２．操作上の注意・ポイント

　① ２枚の鉛板の間隔は，積層電池の電極の間隔より短めで，接触しない程度が望ましい。また，接触させる積層電池の正負は図13.2のようにすること。

　② 積層電池を鉛板に接触させると，充電がうまくいっていれば「じゅわっ」という音が聞こえる。ただし，その音を聞こうとして顔を近づけないこと。

　③ 放電の際にモーターに指をぶつけないように注意すること。プロペラが回転しなくなる。

④ ろ紙の間に垂らす希硫酸の量が多すぎて鉛板の上まで濡れてしまうと，モーターの端子や積層電池が薬品で痛むので，希硫酸を滴下する際には鉛板の間から横に少しずれたところに滴下するとよい。また，指に硫酸をつけないようにし，もしついたらすぐに洗うこと。

3．実験の結果

① 積層電池の正極に接触させた鉛板の色が酸化鉛(Ⅳ)の褐色になる。
② 充電前ではプロペラは回らないが，充電後はプロペラが回る。

4．素材の話題

① 鉛蓄電池以外の二次電池を紹介するのもよい。とくに，リチウムイオン二次電池は，開発者の話や，電池内ではリチウムイオンが両極間を移動するという特徴の話が興味深い。

② 二次電池として機能できる電池の特徴を，一次電池と比較することで，考えさせるのもよいだろう。今回の鉛蓄電の場合は，ダニエル電池のように負極活物質である金属がイオンになって溶液中に拡散してしまうことはなく，放電で生じる物質が両極の表面に留まり，その物質が充電時に逆の反応が起こってもとの物質に戻ることで電池としての機能を復活できると説明できる。

5．追加の実験

充電と放電を体験（定性実験）できたら，充電時間と放電時間の関係を調べる定量的な実験を行うのもよい。以下に操作を示す。

１）プロペラが回らなくなったら，再び充電する。その際に充電時間（秒）を測る。

２）充電後にプロペラ付きのモーターを接触させて放電する。その際，プロペラが回転している時間（秒）を測る。

結果から，充電時間と放電時間の間に成り立つ関係を考える。

〔本実験は筑波大学附属視覚特別支援学校（当時）の佐藤深五先生が中心になって検討した実験に改良を加えたものである〕

14

銅はく（箔）で電気分解

キーワード：電気分解，銅はく
ポイント　：銅はくを用いることで陽極での反応が実感できる。

概　要

　硫酸銅（Ⅱ）水溶液の銅電極による電気分解では，両極の質量変化からファラデー定数を求める実験が有名である。

　また，定性実験として，陽極に銅板，陰極に炭素棒を使って電気分解を行うこともある。この実験では陽極の銅がイオンになるのだが，質量変化を測定しないとわからない。そこで，陽極に銅はくを使うことで陽極の銅がイオンになっていく様子がわかるように工夫した。

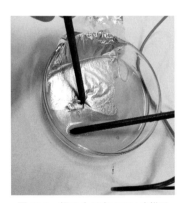

図 14.1　銅はくが溶けていく様子

実験プリント例

〔題　名〕

　銅はくを用いた電気分解

〔目　的〕

　硫酸銅（Ⅱ）水溶液の電気分解における陽極での変化を確認する。

〔準　備〕

　1）銅はく　　　　　　　　　　　　　　　　　　　　　1／班
　2）炭素棒　　　　　　　　　　　　　　　　　　　　　2／班
　3）シャーレ　　　　　　　　　　　　　　　　　　　　1／班
　4）0.1 mol/L 硫酸銅（Ⅱ）水溶液　　　　　　　　　　　1／班
　5）9Ｖ積層電池，導線（2本）　　　　　　　　　　　　1／班

〔操　作〕

　1）シャーレに硫酸銅（Ⅱ）水溶液をほぼいっぱいに入れる。

　2）1）のシャーレの底面の半分ほどを覆うように銅はくを置く。

　3）9Ｖ積層電池と二つの炭素棒を，導線で接続する。

　4）2）のシャーレ内の銅はくに陽極の炭素棒を接触させ，銅はくから
　　　少し離れた水溶液中に陰極の炭素棒をつける。

〔結　果〕

　両極の変化を観察する。

〔考　察〕

　両極の変化を説明せよ。

〔片　付〕

　1）シャーレの中身を無機廃液用ビーカーに捨てる。

　2）炭素棒と中身を捨てたシャーレは，無機廃液用ビーカーの上で水道水
　　　で洗ってから返却する。

解 説

1．実験の原理

　陽極である銅はくでは次式の反応（陽極）が起こって，銅が溶けていく。また，陰極の炭素棒では次式の反応（陰極）が起こって，銅が析出する。

$$陽極 \quad Cu \longrightarrow Cu^{2+} + 2e^-$$

$$陰極 \quad Cu^{2+} + 2e^- \longrightarrow Cu$$

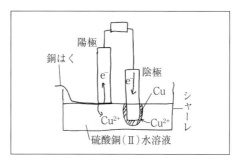

図 14.2　電気分解の全体像を示した板書例

2．操作上の注意・ポイント

　① 銅はくは水溶液をはじいてしまうので，気になる場合には，水溶液に界面活性剤を加えるとよい。

　② 両極の炭素棒の距離は近い方がよい。

　③ 陰極の炭素棒の近くにある銅はくから溶けていくので，陰極に近い部分を観察するように指示する。

　④ 回収した硫酸銅（Ⅱ）水溶液は，次のクラスの実験に使って無駄をなくしたい。そのとき，未反応の銅はくが邪魔になるようならろ過するとよい。

　⑤ 陰極に析出した銅はごく少量なのでそぎ落として次に使う。

3．実験の結果

　① 銅はくは陰極に近いところから溶けて，ばらばらになっていく。

　② 陰極の炭素棒には銅が析出する。

４．素材の話題

　電気分解を利用したお遊び実験として電気ペンという実験がある。この実験はお遊び実験ではあるが，その原理を考えると，とても重要な実験であるといえる。

　９Ｖ積層電池の両極に炭素電極をリード線でつなぎ，以下の水溶液を染み込ませたろ紙に両極を当てると色の変化が起こり，絵が描ける。

　例えば，フェノールフタレイン溶液を加えた食塩水を染み込ませたろ紙に両極を当てると，陰極の触れている部分が赤くなる。陰極を動かすと絵が描ける。指示薬をＢＴＢ（ブチルチモールブルー）に変えると，陰極では青色，陽極では黄色の線が描ける。

　また，ヨウ化カリウム水溶液を染み込ませたろ紙に両極を当てると，陽極が茶色になる。ヨウ化物イオンが酸化されてヨウ素が生成し，未反応のヨウ化物イオンと反応して三ヨウ化物イオンが生成するからである。

　炭素電極を使うまでもなく，９Ｖ積層電池を水溶液の染み込んだろ紙に当てるだけでもよい。

５．追加の実験

　陰極の炭素棒に析出した銅を処理する操作を追加するのもよい。以下に操作を示す。

　　１）９Ｖ積層電池の負極に銅板をつなげ，正極に銅が析出した炭素棒を
　　　　正極につなぐ。
　　２）１）の銅板と炭素棒をシャーレの硫酸銅（Ⅱ）水溶液につける。
　　３）炭素棒に析出した銅がすべてなくなったら，電気分解をやめる。

　この操作でも，陽極の銅がイオンになっていく様子はわかるが，炭素棒を陰極にした実験で銅がきれいに析出するとは限らないので，銅はくを使う方法をお勧めする。

〔本実験は早稲田中学校高等学校（当時）の高見聡先生と東京都立戸山高等学校（当時）の大島輝義先生が中心になって検討した実験に改良を加えたものである〕

15

シリンジで状態方程式を確認

キーワード：気体の状態方程式
ポイント　：酸と金属の反応をシリンジ内で行い，手順を大幅に簡素化。

概　要

　酸と金属の反応で生じる水素を水上置換で集め，気体の状態方程式にあてはめて量的関係を確認する実験は有名である。

　今回の実験では，シリンジ内で酸と金属を反応させ，発生した水素による押し手の移動を利用する。水素は水にほとんど溶けないため，発生した水素の体積だけ押し手が移動するので，シリンジの目盛りで体積を測定できる。

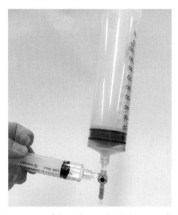

図 15.1　マグネシウムに塩酸を入れる操作

実験プリント例

〔題　名〕

　気体の状態方程式を確認する。

〔目　的〕

　マグネシウムと塩酸の反応で発生する水素の体積の計算値と実験値を比較して，気体の状態方程式が成り立つことを確かめる。

〔準　備〕

　1）シリンジ（100 mL）　　　　　　　　　　　　　　　　1／班

　2）シリンジ（10 mL）　　　　　　　　　　　　　　　　1／班

　3）三方コック　　　　　　　　　　　　　　　　　　　1／班

　4）6 mol/L 塩酸　　　　　　　　　　　　　　　　　　1／班

　5）マグネシウムリボンの小片　　　　　　　　　　　　1／班

　6）電子てんびん　　　　　　　　　　　　　　　　　　1／班

〔操　作〕

　1）マグネシウムリボンの質量を測る。

　2）シリンジ（100 mL）にマグネシウムリボンを折り畳んで入れたあと，三方コックを付け，ゆっくりと押し手を押して空気を抜く。

　3）シリンジ（10 mL）に6 mol/L 塩酸を10 mL 吸い取り，2）の三方コックの横（図15.1参照）に取り付ける。

　4）6 mol/L 塩酸10 mL を，マグネシウムリボンの入っているシリンジに三方コックを介して流し入れ，コックを閉じる。

　5）反応が終了したあと，押し手を引き，押し手が戻ることを確認し，塩酸の液面からシリンジ内の体積を読み取る。

〔結　果〕

　マグネシウムリボンの質量と水素の体積を全班分記録する。

〔考　察〕

　マグネシウムリボンの質量から予想される水素の物質量を使って，気体の状態方程式から水素の体積を求め，実験結果と比較する。

〔片　付〕

　シリンジは，中身を下水に流し，水道水で洗って返却する。

解　説

1.　実験の原理

　マグネシウムと塩酸は次式のように反応して水素が発生する。

$$Mg + 2\,HCl \longrightarrow MgCl_2 + H_2$$

　この実験において，マグネシウムはリボン状で扱いやすく，気体の水素は水に溶けにくいため，発生した気体の分，シリンジの押し手が移動するので，気体の状態方程式を使うことで，マグネシウムと水素の量的な関係を確認することができる。

2.　操作上の注意・ポイント

　① シリンジの押し手が接触する部分にワセリンを塗って動きをよくする。

　② 体積を測定する前に，一度，押し手を引いて，戻ったところの目盛りを読むとよい。

　③ シリンジの容積よりも多い水素が発生すると押し手が抜けてしまうので，取り分けるマグネシウムリボンの質量の最大値は示しておくとよい。

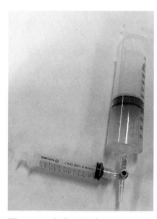

**図 15.2　水素が発生したあとの
　　　　　シリンジ**

　④ マグネシウムリボンは，手でちぎることもできるが，はさみで切って，その質量を測らせるとよい。

3.　実験の結果

　① マグネシウムがすべて溶けて，水素が発生し，押し手が動く。

　② 塩酸の液面から押し手が止まったところまでが水素の体積になる。

　③ 発生した気体の体積と室温を気体の状態方程式に代入することで，発生した水素の物質量が計算できる。それを，用いたマグネシウムの物質量および量的関係から求められる水素の発生量（物質量）と比較することで，気

体の状態方程式の有効性を確認できる。

４．素材の話題

　① 気体の状態方程式の温度には，室温を代入することになるが，反応熱によってシリンジ内の温度が上昇する可能性がある。そのため，しばらく放置してから目盛りを読んでもよい。

　② 同様の実験を炭酸塩と酸による二酸化炭素の発生で行うと，二酸化炭素が水に溶けてしまい，うまくいかない。

５．追加の実験

　この実験を次のようにアレンジしてもよい。以下に操作を示す。

　１）マグネシウムリボンの質量を測る。

　２）シリンジ（100 mL）に三方コックを付け，マグネシウムリボンを折り畳んで入れたあと，ゆっくりと押し手を押して空気を抜く。

　３）シリンジ（10 mL）に 6 mol/L 塩酸を10 mL 吸い取り，２）の三方コックの横に取り付ける。この段階で全体の質量を測る。

　４）6 mol/L 塩酸10 mL を，マグネシウムリボンの入っているシリンジに三方コックを介して流し入れ，コックを閉じる。

　５）反応が終了したら，三方コックを動かし，発生した水素だけを押し出し，再び全体の質量を測定する。

　二つの測定値の差として得られる水素の質量と状態方程式を使った計算値と比較する。

〔本実験は東京都立狛江高等学校（当時）の沢田萌実先生が中心になって検討した実験に改良を加えたものである〕

16

湿度から気体定数を計算

キーワード：水蒸気，湿度，気体の状態方程式，気体定数
ポイント　：気体の状態方程式を用いて，測定値から気体定数を計算する。

概　要

　気体検知管を用いることで室内の水蒸気量を測定できる。測定結果と室温における飽和水蒸気量を使うと湿度を計算で求められるので，その結果と湿度計の示す値を比較するという実験ができる。

　この実験をアレンジすると，気体検知管を用いて測定した水蒸気量と湿度計の値を用いて，気体定数を求めることができる。

図 16.1　水蒸気量を測定している様子

実験プリント例

〔題　名〕

　湿度と水蒸気量から気体定数を求める。

〔目　的〕

　室内の湿度と水蒸気量から気体定数を求める。

〔準　備〕

　１）気体採取器（ガステック社，気体採取器 GV-100型）　　　１／班

　２）水蒸気量を測定する気体検知管（ガステック社，水蒸気 No.6）

　　　　　　　　　　　　　　　　　　　　　　　　　　　　　　１／班

　３）温度計　　　　　　　　　　　　　　　　　　　　　　　１／全

　４）湿度計　　　　　　　　　　　　　　　　　　　　　　　１／全

〔操　作〕

　１）気体検知管の両端を折り，気体採取器にセットする。

　２）目印を100 mL にセットし，１回引く。カチッと音がしたら手を離
　　　してもよい。引き手の後ろの部分にあるガラスが白くなったら吸引終
　　　了であり，室内の空気を100 mL 吸引したことになる。

　３）吸引が終了したら，気体検知管の目盛りを読む。

　４）湿度と室温を記録する。

〔結　果〕

　１）室内の水蒸気量と温度の測定結果を記録する。

　２）室内の水蒸気量（mg/L）を記録する。

〔考　察〕

　得られた数値から気体定数を求める方法を考えて実際に求める。

〔片　付〕

　気体検知管は教卓の専用の廃棄用ビーカーに入れる。

解　説

1．実験の原理

　この実験では，気体の状態方程式を用いて気体定数の値を求める。

　実験で測定できる空気1Lあたりの水蒸気量（w，単位はmg）は飽和水蒸気量とは限らない。そこで，気体検知管で求まった水蒸気量を湿度で割る（a%なら，$a/100$で割る）ことで，飽和の水蒸気量（$100w/a$）が得られる。

　その値をg単位に変換（1000で割る）し，水分子の分子量で割ると水蒸気で飽和している空気1L中の水の物質量（C）になる（図16.2の式（1））。この値を気体の状態方程式に代入し，気体定数（R）を求める形に変形すると図16.2の式（2）になる。

$$
\text{式（1）}
$$

$$
\begin{array}{c}
\text{測定結果}\\
\text{飽和水蒸気}\\
C(\text{mol/L})
\end{array}
=
\cfrac{\boxed{①\qquad\qquad \text{mg/L}}}{\boxed{②\qquad\quad \%}/100}
\times
\cfrac{1}{18\times10^3\ \text{mg/mol}}
$$
$$
\text{湿度}
$$

$$
\text{式（2）}
$$

$$
R=\frac{p}{CT}=\frac{\boxed{④\qquad\qquad\qquad \text{Pa}}}{\boxed{③\quad \text{mol/L}}\ \boxed{⑤\qquad \text{K}}}=\boxed{}
$$

$$
pV=nRT\Longleftrightarrow p=\left(\frac{n}{V}\right)RT\Longleftrightarrow p=CRT
$$

　ここで，Rは気体定数（Pa·L/(K·mol)），pは飽和水蒸気圧，Tは室温（K），Cは飽和水蒸気の濃度（mol/L）。

図16.2　気体定数の計算方法を説明する板書例

　ここで，実験結果以外に，室温における飽和水蒸気圧の値が必要であるとわかる。飽和水蒸気圧の表は資料集に載っているので，それを用いればよい。

2．操作上の注意・ポイント

　① 気体検知管はガラス製なので，両端を切る際など扱いに注意すること。

② 湿度が高すぎると検知管の測定範囲を超えるので冬期に行うとよい。

③ 測定結果からどのように気体定数を求めればいいかを考えさせる。

３．実験の結果

気体の状態方程式に適する数値を代入すると気体定数が求まる。

４．素材の話題

① 室温での飽和水蒸気圧の値（E）は次式で求めることができるので，資料集で表を探すのではなく，次式を与えてもよい。なお，t は室温（℃）の値である。

$$E = 6.11 \times 10^{7.5t/(t+237)}$$

② 今回用いた水蒸気量を測定する検知管の単位が mg/L であることも，この実験を可能にしている。同じ会社の他の気体検知管では体積％の値が得られる。

③ 通常は気体検知管を使う場合には，採取器の位置を採取したい場所から動かしてはいけないのだが，この実験では，同一室内であれば，採取器が動いても構わない。採取器を引くときにかなり力が必要なので，位置を固定しなくてすむことは操作を容易にする。

④ この実験の器具をそろえるにはかなりの金額が必要であるため，教室で教員が代表して測定し，結果を全員で共有するという方法もある。

５．追加の実験

気体定数を求めるのがむずかしい場合には，湿度を求め，湿度計の値と比較するだけでもよい。以下に操作を示す。

１）室温を測定し，その室温における飽和水蒸気量を表から求める。

２）気体検知管で求めた水蒸気量（mg/L）を飽和水蒸気量で割ると湿度が算出できる。

３）算出した湿度と湿度計の値を比較する。

〔本実験は著者が中心になって検討した実験に改良を加えたものである〕

17

試験管でチンダル現象

簡素化

キーワード：コロイド溶液，チンダル現象
ポイント　：チンダル現象の有無を試験管1本で確認している。

概　要

　コロイド溶液である水酸化鉄（Ⅲ）水溶液づくりは簡単で，加熱した純水に塩化鉄（Ⅲ）水溶液を加えるだけである。

　チンダル現象は原料である塩化鉄（Ⅲ）水溶液と比較する必要があるので，1本の試験管の中に原料の塩化鉄（Ⅲ）水溶液と水酸化鉄（Ⅲ）のコロイド液を共存させ，チンダル現象の有無を比較できるようにした。

図17.1　1本の試験管中に共存する原料とコロイド溶液

実験プリント例

〔題　名〕

　水酸化鉄(Ⅲ)水溶液づくりとチンダル現象の確認

〔目　的〕

　1）コロイド溶液である水酸化鉄(Ⅲ)水溶液をつくる。

　2）水酸化鉄(Ⅲ)水溶液でチンダル現象を確認する。

〔準　備〕

　1）塩化鉄(Ⅲ)水溶液が半分ほど入った試験管　　　　　　　　1／班

　2）ポケットトーチ　　　　　　　　　　　　　　　　　　　　1／班

　3）レーザーポインター（赤）　　　　　　　　　　　　　　　1／班

〔操　作〕

　1）試験管を持って，ポケットトーチで，塩化鉄(Ⅲ)水溶液の上半分を加熱する。

　2）溶液の色が十分に濃くなったら加熱をやめ，レーザーポインターの光を横から試験管内の水溶液の上部と下部に当てる。

〔結　果〕

　1）加熱した部分の溶液の色の変化を記録する。

　2）レーザーポインターの光を当てたときの様子の違いを記録する。

〔考　察〕

　1）塩化鉄(Ⅲ)の変化を説明せよ。

　2）チンダル現象が起きる仕組を説明せよ。

〔片　付〕

　試験管は，中身を教卓の廃液用ビーカーに捨て，試験管の中を純水で洗って教卓に返却する。

解　説

1．実験の原理

　加熱された部分では水酸化鉄(III)のコロイド溶液ができ，密度の違いから上部に留まる。

$$FeCl_3 + 3\,H_2O \longrightarrow Fe(OH)_3 + 3\,HCl$$

　コロイド粒子の大きさが普通の分子やイオンと比べて大きいことから，上部の水酸化鉄(III)水溶液にレーザーポインターで光を当てると光の筋が観察できるが，下部の塩化鉄(III)水溶液では，同じ操作をしても，光の筋は観察できない。

2．操作上の注意・ポイント

　① 加熱によって生じた水酸化鉄(III)のコロイド溶液は密度の違いから上部に留まる。手で持って加熱することになるので，塩化鉄(III)水溶液の液量はできる限り少量にし，火傷に注意しながら加熱する。

　② ポケットトーチがない場合には，試験管を傾けて上部をガスバーナーで加熱するとよい。その際は試験管バサミを使う。

　③ 失明のおそれがあるため，レーザーポインターを他人に決して向けないよう指導する。

　④ 試験管の中身は廃棄用ビーカーに捨てさせてもよいが，続けて，透析や凝析などの実験を行うのなら，試験管中の水溶液全体を加熱してすべてをコロイド溶液に変えてしまえば無駄なく使える。透析したコロイド溶液で電気泳動を行い，その後，凝析などを行えば試薬を有効に使える(次ページ参照)。

3．実験の結果

　① 溶液の色が，加熱により，塩化鉄(III)水溶液の黄色から水酸化鉄(III)の褐色になる。

　② 上部では，レーザーポインターの光がコロイド粒子に反射して光の筋が観察できる。

4．素材の話題

　今回の実験ではコロイド溶液として水酸化鉄（Ⅲ）の調製を行っているが，コロイド溶液にはほかに硫黄コロイドやメチレンブルー溶液などがある。

5．追加の実験

　コロイド溶液を使う実験はほかにもある。そこで，試験管の中身をすべて加熱して水酸化鉄（Ⅲ）のコロイド溶液とし，以下に示す実験も行いたい。
［透　析］
　１）ビーカー（100 mL）に純水を八分入れ，そのビーカーに上からセロハンを押し付ける。そのセロハンに試験管の中身をすべてあける。
　２）数分後にコロイド溶液をシャーレに移し，１）のビーカーの水溶液を２本の試験管にそれぞれ２mL 程度取り，一方の試験管には硝酸銀水溶液を，もう一方には BTB（ブロモチモールブルー）溶液を滴下する。

図 17.2　ビーカーとセロハンで行う透析

［電気泳動］
　３）コロイド溶液の入ったシャーレに炭素電極２本を入れ，電気泳動を確認する。その後，電極を抜いたシャーレを軽く振って偏りが生じた水溶液の濃度を均一にしたのち，空のビーカーにあける。
［凝　析］
　４）ビーカーに移し替えられた水酸化鉄（Ⅲ）のコロイド溶液を二つの試験管に分ける。一方は凝析の実験に使い，もう一方は保護コロイドの実験に用いる。凝析に関してイオンの価数の違いも確かめたいときはさらに試験管の本数を増やして分注する。

〔本実験は著者が中心になって検討した実験に改良を加えたものである〕

コラム　電池をめぐる実験

　電池とは，酸化反応と還元反応が別のところで起こり，その間を導線でつなぐことで電子が流れる装置である。

　そこで有名な実験として，酸化剤と還元剤のそれぞれの水溶液を入れたビーカーを塩橋でつなぎ，各水溶液に炭素棒を入れ，その間の電流の流れを検流計で調べるというものがある。ただ，この実験は電流が流れるものの，電池と呼べるほどの性能は発揮できない。どちらかというと，酸化剤と還元剤の反応における電子の授受を確認するといった程度である。還元剤から放出される電子を酸化剤が受け取る。つまり，還元剤の方から酸化剤の方に電子が流れるので，検流計の針は，酸化剤の方から還元剤の方に振れる。逆に考えれば，針の振れで電子の流れが確認できるというものである。この実験を改善し，炭素棒に酸化剤や還元剤の水溶液を染み込ませて，電解質を含む水溶液につけてプロペラ付きのモーターを回すという実践を見聞したことがある。この方法だと，酸化剤と還元剤の組合せで電池ができるという印象を与えることができる。また，プロペラの回転の向きで電子の流れを確認することもできる。

　さて，話をダニエル電池に進めるが，ダニエル電池で両極の活物質でない硫酸亜鉛水溶液や銅板は同じ役割を果たせるものに代替が可能だと気づく。

　例えば，シャーレに入れた食塩水に，亜鉛板とステンレス板を斜めにして入れ，食塩水中のステンレス板の上に硫酸銅(II)の結晶を乗せるというダニエル電池の実験もある。この実験では硫酸銅(II)が溶け，銅イオンがステンレス板上で電子を受け取り単体になる反応が観察される。

　また，硫酸銅(II)水溶液に銅板と亜鉛板を入れ，両極を導線でつなぐ実験も行われている。これは，授業での生徒実験というよりは，半透膜の必要性を確認する予備実験であったり，生徒の探究活動の一環であったりする。実際，この条件でもかなりの時間プロペラは回るようだ。

第 4 章
物質の変化と平衡

【本章の実験動画・関連資料】

https://www.maruzen-publishing.co.jp/contents/575jikken/index.html#4

18

簡素化　思考力

シリンジで反応速度を測る

キーワード：反応速度
ポイント　：目盛り付きシリンジの押し手の移動を利用し，反応速度を簡単に比較する。

概　要

　反応速度の実験を題材にした大学入試の問題は多いが，高校での実験は少ない。過酸化水素の分解で発生する体積や質量を測る実験や時計反応を利用した実験が有名である。

　今回の実験では，炭酸カルシウムと希塩酸をプラスチック製のシリンジ内で反応させることで，シリンジの動きで気体発生の速度を測る。シリンジを利用することで体積の追跡が容易となる。

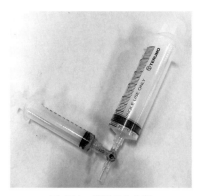

図 18.1　装置の全体像

実験プリント例

〔題　名〕

　反応速度の温度による違い

〔目　的〕

　炭酸カルシウムと塩酸の反応で，塩酸の温度を変えたときの反応速度の変化を確認する。

〔準　備〕

1 ）シリンジ（50 mL）	2 ／班
2 ）シリンジ（10 mL）	2 ／班
3 ）三方コック	2 ／班
4 ）炭酸カルシウム（大さじ 1 杯程度）	2 ／班
5 ）薬さじ	1 ／班
6 ）3 mol/L 塩酸の入ったビーカー	1 ／班
7 ）お湯の入ったビーカー	1 ／班

〔操　作〕

　1 ）2 本のシリンジ（50 mL）それぞれに同じ量の炭酸カルシウムを取り，押し手を押し込む。

　2 ）2 本のシリンジ（10 mL）それぞれに 3 mol/L 塩酸を1 mL 取る。そのうち一方のシリンジをお湯につけ，温める。

　3 ）シリンジ（50 mL）にシリンジ（10 mL）を三方コックで接続させた実験装置を 2 セットつくる。

　4 ）同時に希塩酸をシリンジ（50 mL）に入れ，気体の発生速度を，シリンジ（50 mL）の押し手の移動速度で測る。

〔結　果〕

　各温度での気体発生の速度の違いを数値化する。

〔考　察〕

　温度による反応速度の違いを説明せよ。

〔片　付〕

　シリンジは，中身を下水に流し，水道水でよく洗って返却する。

解　説

1．実験の原理

以下の反応で二酸化炭素は発生する。

$$CaCO_3 + 2\,HCl \longrightarrow CaCl_2 + H_2O + CO_2$$

このとき，気体発生の速度の温度依存性は，押し手の移動速度を測ることで調べることができる。

図 18.2　一定時間での移動した距離

2．操作上の注意・ポイント

① 炭酸カルシウムを入れすぎると，発生した気体によって押し手がシリンジから外れてしまうので，入れすぎないようにする。

② コックがスクリュー式の場合は，両方のシリンジをスクリュー方式で固定できるので，希塩酸を押し込んだあとにコックを動かしてシリンジ（50 mL）を閉じてしまう方がよい。コックがスクリュー式でない場合は，シリンジ（10 mL）の押し手を押し続けるとよい。

③ 速度を求める方法を指示してもよいが，考えさせてもよい。速度を求める方法としては，一定時間での押し手の移動距離を測るとか，一定距離に到達するまでの所要時間で測るというものが考えられる。

3．実験の結果

① 温度の高い方が，反応速度が速くなる。

　② 押し手の移動速度は，シリンジの目盛りで測ることで，反応速度を比較することができる。

4．素材の話題

　① 三方コックには，180°しか回転できないようになっているものを用いると回す方向を間違えないですむ。

　② 先端がスクリュー式になっているシリンジを使うと，三方コックに付けたときに外れなくなるので安全である。

　③ お湯の温度を測定すれば，10 ℃あたりにどのくらい速度が速くなるか求めることもできる。一般的に反応速度は10 ℃高くなると，2〜3倍速くなるといわれている。

　④ 二酸化炭素は水に溶けやすいので，季節によっては低温の方ではうまく測定できないかもしれない。その場合は，マグネシウムリボンと希塩酸の組合せで水素を発生させ同様の実験を行うと，よりよい結果が得られる可能性がある。

　⑤ シリンジ内でおさまる気体発生量にすると，量的関係の実験を行うことが可能である（実験15参照）。この場合は p.65の4で述べた理由から水素が発生する反応の方がよい。

　⑥ 炭酸カルシウムと希塩酸の反応の速さを，温度や濃度の違いで比較するという実験には，界面活性剤を入れて，泡立ちの違いで比較するという方法もある。一方，シリンジを用いた今回の方法なら，厳密ではないが，結果を数値化できる。

5．追加の実験

　温度を同じにして，希塩酸の濃度を変えて比較することも可能である。前述の操作のうち2）の部分を以下に示す内容に変更すればよい。

　　2）シリンジ（10 mL）の一方に3 mol/L 塩酸を1 mL 取り，もう一方
　　　　のシリンジ（10 mL）に1 mol/L 塩酸を1 mL 取る。

〔本実験は東京都立狛江高等学校（当時）の沢田萌実先生が中心になって検討した実験に改良を加えたものである〕

19

簡素化　思考力

色の変化で反応速度を確認

キーワード：反応速度
ポイント　：反応速度の温度依存性を過マンガン酸カリウムで確認している。

概　要

　反応速度の温度依存性や濃度依存性を確認する実験としては時計反応が有名だが，その実験だけの試薬を準備するのは費用面から負担がかかる。その負担を軽減させるために，ほかの実験でも使う素材を使って同様の実験ができないか検討した。

　この実験では，酸化還元滴定で用いる過マンガン酸カリウムとシュウ酸の反応を使って，反応速度の温度依存性を確認する。この反応では，当初，反応が鈍い。ただし，2価のマンガンイオンが生成すると，そのイオンが触媒になって反応が進む。そこで，2価のマンガンイオンを添加した過マンガン酸カリウム水溶液とシュウ酸との反応を，温度を変えて実施している。

図 19.1　10 mL ビーカーを使った実験の全体像

実験プリント例

〔題　名〕

　反応速度の温度依存性

〔目　的〕

　過マンガン酸カリウムを用いて反応速度の温度依存性を確認する。

〔準　備〕

　１）硫酸酸性過マンガン酸カリウム水溶液の入ったビーカー　適量／班

　２）シュウ酸水溶液の入ったビーカー　　　　　　　　　　　適量／班

　３）硫酸マンガン（米粒大）　　　　　　　　　　　　　　　１／班

　４）駒込ピペット（5 mL）　　　　　　　　　　　　　　　　２／班

　５）ビーカー（10 mL）　　　　　　　　　　　　　　　　　４／班

　６）氷（ビーカー）　　　　　　　　　　　　　　　　　　　適量／班

　７）ストップウォッチ　　　　　　　　　　　　　　　　　　１／班

　８）シャーレ　　　　　　　　　　　　　　　　　　　　　　２／班

〔操　作〕

　１）硫酸酸性過マンガン酸カリウム水溶液に硫酸マンガンを溶かす。

　２）１）の水溶液を二つのビーカー（10 mL）にそれぞれ5 mL ずつ取る。

　３）シュウ酸水溶液を別の二つのビーカー（10 mL）に5 mL ずつ取る。

　４）過マンガン酸カリウムとシュウ酸の各水溶液が入ったビーカーを１

　　　個ずつ，氷水の入ったシャーレに入れて３分ほど冷やす。

　　　残ったビーカーは室温で放置する。

　５）過マンガン酸カリウム水溶液に同じ温度のシュウ酸を加え，水溶液の

　　　色が無色透明になるまでの時間をストップウォッチで測定する。

〔結　果〕

　混合液が無色透明になるまでの時間を記録する。

〔考　察〕

　無色透明になるまでの時間と水温の関係を説明せよ。

〔片　付〕

　すべての容器は，中身を無機廃液用ビーカーに捨てて，水道水で洗って返却する。

解 説

1. 実験の原理

　過マンガン酸カリウムはシュウ酸と反応すると紫色が消える。この反応は温度が高いほど速くなる。触媒として働くマンガンイオンが共存するとさらに速くなると説明されている。

2. 操作上の注意・ポイント

　① 各水溶液の濃度は薄い方が無色になるまでの時間が短くてよいが，色が消えた瞬間を判断する必要があるので，予備実験で，最初の色合いや無色になるまでの時間などから，好みの濃度にするとよい。

　② お湯を扱うと火傷の原因になるので，氷水（0℃）と室温での比較を計画しているが，氷水とお湯それぞれに水溶液の入ったビーカーをつけ，温度を調整したのちに実験してもよい（図19.1）。

3. 実験の結果

　今回は，室温と0℃という二つの水温での反応を比較する。0℃の方はゆっくりと色が消えていき，室温の方が速く無色透明になる。

色が消えるまでの時間（秒）			
	氷水中	室温	温水中
1班			
2班			
3班			
:	:	:	:

図 19.2　温度依存性のデータを整理する板書例
　　　　この例のように温水中の実験を加えてもよい。

４．素材の話題

① ２価のマンガンイオンの色はほぼ無色なので，過マンガン酸カリウムの色が消えたときの判断の邪魔にはならない。

② 硫酸マンガンは薄いピンク色なので，溶かす前に観察させてもよい。

③ この教材は酸化還元反応の操作の特徴（最初に加熱することと，２価のマンガンイオンが生じると反応が進むこと）を利用し，反応速度の実験を計画したものである。このように異なる分野の実験を活用した教材開発は有益である。教員は実験の改善方法が浮かびやすくなる。また，同じ素材を使って複数の分野の実験を体験すると，生徒に一つの反応を多角的に捉えようとする姿勢が身につくことが期待される。

５．追加の実験

今回の素材で濃度依存性を確認する実験も行ってみたい。以下に操作を示す。

1）硫酸酸性過マンガン酸カリウム水溶液に硫酸マンガンを溶かす。

2）1）の水溶液を二つのビーカー（10 mL）にそれぞれ5 mL ずつ取る。

3）シュウ酸水溶液を，別のビーカー（10 mL）1 本に5 mL 取る。別のもう1 本のビーカー（10 mL）にはシュウ酸水溶液2 mL と純水3 mL を取る。

4）過マンガン酸カリウム水溶液にそれぞれの濃度のシュウ酸水溶液を加え，水溶液の色が無色透明になるまでの時間を測定する。

この実験でも予備実験で好みの濃度をまずは決めるとよい。また，触媒の２価のマンガンイオンの量を変えて実験しても面白い。探究活動の素材としても使える。

〔本実験は東京都立戸山高等学校（当時）の大島輝義先生が中心になって検討した実験に改良を加えたものである〕

20

簡素化　思考力

試験管で平衡移動を確認

キーワード：化学平衡の移動
ポイント　：加熱や冷却による平衡移動を 1 本の試験管で同時に観察できる。

概　要

　色の変化を伴う平衡移動の実験はよく取り上げられる。今回のような塩化コバルトを使った実験も有名である。

　一般に色の変化を確認するためにはもとの色と比較する必要がある。そこで，温度の高い水溶液が，密度の差から上の方に来るという性質を利用し，1 本の試験管の中に，基準になる水溶液と加熱や冷却で平衡移動したあとの色を部分的につくり出すことにした。

図 20.1　1 本の試験管中の様子

実験プリント例

〔題　名〕

　塩化コバルト水溶液を使った温度変化による平衡移動の観察

〔目　的〕

　溶液の色の変化から平衡の移動を実感する。

〔準　備〕

　１）塩化コバルト水溶液の入った試験管　　　　　　　　　　１／班

　２）ビーカー（100 mL）　　　　　　　　　　　　　　　　１／班

　３）ポケットトーチ　　　　　　　　　　　　　　　　　　　１／班

　４）氷　　　　　　　　　　　　　　　　　　　　　　　適量／班

〔操　作〕

　１）ビーカー（100 mL）に氷と水道水を入れる。

　２）試験管の中の塩化コバルト水溶液の上から１／３をポケットトーチで
　　　横から加熱する。

　３）２）の塩化コバルト水溶液の下から１／３を氷水につける。

　４）３）の塩化コバルト水溶液の上部，中ほど，下部の色を比較する。

〔結　果〕

　塩化コバルト水溶液の上部，中ほど，下部の色を記録する。

〔考　察〕

　塩化コバルト水溶液中での可逆反応における平衡の移動から，加熱や冷却
による色の変化を説明せよ。

〔片　付〕

　１）氷水を下水に流したあとビーカーはそのまま教卓に返却する。

　２）塩化コバルト水溶液の入った試験管はそのまま教卓に返却する。

解　説

1．実験の原理

　塩化コバルト水溶液中の以下の平衡が加熱や冷却により左右のどちらかに移動し，色が変化する。

$$[Co(H_2O)_6]^{2+} + 4\,Cl^- \rightleftharpoons [CoCl_4]^{2-} + 6\,H_2O + Q\,kJ \quad (Q < 0)$$

　　ピンク色　　　　　　　　　　　青色

2．操作上の注意・ポイント

　① 加熱部分と冷却部分，もとの色を比較する必要があるので，もとの色を中間色にするのがポイントで，濃塩酸を加えて調整するとよい。

　② ポケットトーチが用意できない場合には，試験管を少し傾けて水溶液の上部を加熱するとよい。

　③ 冷却による色変化はわかりづらいので，加熱による色の変化だけを観察させる実験でもよい。

　④ 塩化コバルト水溶液は試験管ごと回収して室温で放置すれば再利用できる。

3．実験の結果

　今回は，水溶液の真ん中がピンク色と青色の中間色なのに対して，加熱した上部は青くなり，冷却した下部ははっきりとしたピンク色になる。

4．素材の話題

　① 塩化コバルト紙は水の検出に使うので，生徒はこの平衡に興味をもつと思われる。また，水分の検出のときの色変化も平衡移動で説明できる。

　② コバルトフリーということで，最近は，シリカゲルや水を検出する試験紙に塩化コバルト以外の物質が使われるようになってきた。

　③ ほかの化学平衡では二酸化窒素と四酸化二窒素の平衡が有名である。この反応では，加熱および冷却で平衡が移動したとき，色の濃淡が変わる。

5．追加の実験

　追加実験として，加熱や冷却のほかに，溶液の色を変化させる方法を考え
させ，実験計画を立てさせ，操作を行わせるというものが考えられる。この
ように，仮説を立て，検証させるという操作を追加すると思考力を鍛えるこ
とができる。

　溶液を青くする方法としては，塩化物イオン濃度を濃くするという考えが
浮かぶ。以下に操作を示す。

① 食塩（塩化ナトリウム）を加える：濃度を濃くしたいので，水溶液で
　 ない方がよい。また，水溶液でも濃度の濃いものを用いるとよい。

② 濃塩酸を加える。

　また，溶液をはっきりとしたピンク色にするには，塩化物イオン濃度を薄
くするという考えが浮かぶ。例えば硝酸銀水溶液を加えると，塩化物イオン
が銀イオンと反応し，塩化銀という沈殿として水溶液から取り除くことがで
きる。

　この程度の実験を追加で実施できるように試薬を用意しておきたいが，こ
れらの実験後の試験管の中身は廃液になるので，実験計画までを生徒に考え
させたあと，生徒が提案した実験は教員が演示実験として行うとよい。

図 20.2　硝酸銀水溶液を加えたときの様子

〔本実験は著者が中心になって検討した実験に改良を加えたものである〕

21

臭いと沈殿で平衡移動を実感

キーワード：化学平衡，平衡移動，沈殿反応
ポイント　：沈殿の生成と臭いの変化で平衡の移動を確かめている。

概　要

　銅（Ⅱ）イオンを含む水溶液にアンモニア水を加えていくと，はじめは，水酸化物の沈殿を生じるが，さらに加えていくとアンモニアが配位した錯イオンになる。この変化を利用し，アンモニア水中でのアンモニウムイオンが生じる化学平衡における平衡移動を実感できる。

　操作としては，硫酸銅（Ⅱ）水溶液と水道水を用意し，アンモニア水をそれぞれに滴下し，臭いを比較するだけである。

図 21.1　硫酸銅（Ⅱ）水溶液とアンモニア水の反応

実験プリント例

〔題　名〕

　臭いで化学平衡を実感する。

〔目　的〕

　化学平衡の移動を沈殿の生成と臭いの変化で確認する。

〔準　備〕

　1）1 mol/L アンモニア水の入った点眼瓶　　　　　　　　1／班

　2）0.1 mol/L 硫酸銅（Ⅱ）水溶液の入った点眼瓶　　　　1／班

　3）ビーカー（10 mL）　　　　　　　　　　　　　　　　2／班

〔操　作〕

　1）ビーカー（10 mL）に硫酸銅（Ⅱ）水溶液を1 mL 入れる。別のビー
　　　カー（10 mL）に同体積の水道水を入れる。

　2）1）のビーカーにアンモニア水を1滴ずつ加え，臭いを比較する。

〔結　果〕

　1）両方のビーカー内の水溶液の変化の様子を記録する。

　2）臭いの比較を記録する。

〔考　察〕

　アンモニア水中での電離平衡と水酸化銅（Ⅱ）の沈殿が生じる反応から今回
の実験の結果を説明せよ。

〔片　付〕

　銅イオンを含む水溶液は無機廃液用ビーカーに捨てる。ビーカーは水道水
で洗ってから返却する。

解　説

1．実験の原理

　アンモニア水中の化学平衡（次式）での平衡移動を，臭いを比較することで確認できる。

$$NH_3 + H_2O \rightleftarrows NH_4^+ + OH^-$$

　アンモニア水に銅イオンが加わると，水酸化銅（Ⅱ）が生成し，水酸化物イオンが消費される。そのため，平衡が右に移動し，アンモニア分子の量が減少し，臭いがしなくなる。

　水道水への滴下と比較することで，この臭いの変化が希釈によるものでないことが確認できる。

$$NH_3 + H_2O \rightleftarrows NH_4^+ + OH^-$$

　以下の反応で水酸化物イオンが減少するので，上記の平衡が右に移動し，アンモニア分子が減少する。

　その結果，アンモニアの臭いがしなくなる。

$$Cu^{2+} + 2OH^- \longrightarrow Cu(OH)_2\downarrow$$

図21.2　平衡移動を説明する際の板書例

2．操作上の注意・ポイント

　アンモニア水が多すぎると，銅イオンはアンモニア錯イオンになって，さらに余ったアンモニア分子によって臭いがしてくるので，臭いの変化を確認するこができない。

　入れすぎると水溶液が濃青色になるので，臭いを嗅ぐ前に実験がうまくいっていないことがわかる。

3．実験の結果

　① 水道水にアンモニア水を滴下した方は，少し薄まるもののアンモニアの臭いがする。

② 硫酸銅（II）水溶液にアンモニア水を滴下した方は，水酸化銅（II）の青白色沈殿が生じ，アンモニアの臭いはしない。

4．素材の話題

① アンモニア水を用いた平衡の移動を確認する実験としては，ほかにフェノールフタレイン溶液を滴下したアンモニア水を加熱するといったものがある。加熱によってアンモニア分子が飛び出し，アンモニウムイオンと水酸化物イオンの量が減って，フェノールフタレインによる赤色が消える。

② この実験では臭いの変化を伴うが，その臭いの変化に着目することで，脱臭について考えることができる。アンモニウムイオンになると臭わないことから，臭いを感じるのはアンモニア分子の存在によるものであることがわかる。

5．追加の実験

この実験は，水酸化物イオンが生成すればよいので，塩化鉄（III）などでも実験できると考えられる。そこで，アンモニア水を加えると沈殿が生じる金属イオンを含む水溶液を使って同様の実験を行ってみるとよい。

用いる水溶液としては，例えば，3価の鉄イオンのほかに2価の鉄イオンやアルミニウムイオン，亜鉛イオンを含む水溶液などが考えられる。

1）ビーカー（10 mL）を水溶液の種類の数だけ用意する。

2）1）のビーカー（10 mL）に各水溶液をそれぞれ取る。

3）2）のビーカー（10 mL）にアンモニア水を1滴滴下する。

4）3）の各水溶液の臭いを嗅ぐ。

この実験のように"原理の正しさを確認する方法として，複数の試薬で同様の実験を行ってみるとよい"という説明をする。化学的な分析手法の考え方をぜひ獲得させたい。

〔本実験は著者が中心になって検討した実験に改良を加えたものである〕

コラム　575化学実験の発想法を大公開！②

　実験を実施しようとして，専用の器具がないことに気づく。器具がないことを実験できないことの言い訳にしたくはないが，かといって，専用の器具を自作するほどの器用さもない。そこで，普段の器具を使って同等の実験ができないか検討し始める。575化学実験への入口である。

　例えば，水蒸気をさらに加熱して高温の水蒸気にする実験で，よく紹介されているのが，何重にも巻いた銅管を使った方法である。なので，この実験をしようとすると，教材用の市販品である何重にも巻いた銅管を購入するか，自作するしかない。ある程度の太さの銅管を巻くにはそれなりのテクニックがいる。

　そこで，銅管を巻かなくても同じ実験ができないかを検討した。結果，高温水蒸気でマッチに着火する実験では，本書にも書いたが，銅管を巻く必要がないことがわかった（実験10）。

　どのような実験であれ，本当にその器具は必要か，一度は検証したい。では，よく使う試験管などはどうだろうか？

　試験管は，手で持っていないと不安定で，使うとなると試験管立てなどがないと不便である。しかも，実験では使う器具の種類や数は少ない方がよい。ならばどうすればよいか？

　例えば，スクリュー管は使い勝手がよい。本書でも取り上げた溶媒抽出（実験２）などは，HR 教室で行うのなら，スクリュー管で十分である。スクリュー管ならば，底が平らなので，そのまま立てることができ，ふたも付いているので倒しても溶液をこぼすことがない。

　このように器具について考えを巡らせるということは，容器の安全性を検証することにもつながる。これはとても重要なことで，すでに知られている実験でも予備実験などで，その容器を使う理由などを検証すべきだろう。また，操作においても，重金属で汚染される容器を減らすなどの工夫をするとよいだろう。

第 5 章
無機物質

22

二酸化炭素の反応を音で確認

キーワード：水酸化ナトリウム，二酸化炭素，炭酸ナトリウム
ポイント ：体積変化を伴う反応を感触や音で確かめている。

概 要

　水酸化ナトリウム水溶液は，空気中の二酸化炭素と反応し，炭酸ナトリウムになる。そのため，水酸化ナトリウム水溶液をガラス容器で保存する場合，生じた炭酸ナトリウムのせいでふたが開かなくなることを避けるため，ゴム栓でふたをする。このように反応性の高い二酸化炭素と水酸化ナトリウムの反応を体積変化で実感してもらえる実験を考えた。

　二酸化炭素を入れた容器に水酸化ナトリウムを入れ，パラフィルムでふたをする。すると容器内が減圧されてパラフィルムが凹むか破裂するので，反応の進行を実感できる。

図22.1　パラフィルムが凹んだときの様子

実験プリント例

〔題　名〕

　二酸化炭素と水酸化ナトリウムの反応

〔目　的〕

　二酸化炭素と水酸化ナトリウムの反応を体積変化で実感する。

〔準　備〕

　1）水酸化ナトリウムが1粒入った試験管　　　　　　　　1／班

　2）二酸化炭素のボンベ　　　　　　　　　　　　　　　　1／全

　3）パラフィルムの小片　　　　　　　　　　　　　　　　1／班

〔操　作〕

　1）水酸化ナトリウムの入った試験管に二酸化炭素を吹き込む。

　2）1）の試験管の口をパラフィルムでしっかりとふたをする。

　3）2）の試験管をよく振って，パラフィルムの様子を観察する。

〔結　果〕

　1）パラフィルムの様子を記録する。

　2）試験管の中の固体の様子を記録する。

〔考　察〕

　パラフィルムの変化を説明せよ。

〔片　付〕

　1）パラフィルムは可燃のゴミ箱に捨てる。

　2）試験管は，中身を廃液用ビーカーに捨てて，水道水で洗ってから返却
　　する。

解　説

1．実験の原理

　二酸化炭素と水酸化ナトリウムが反応（次式）し，気体の二酸化炭素が消費される。そのため，試験管内は減圧され，ふた替わりのパラフィルムが凹む。

$$2\,NaOH + CO_2 \longrightarrow Na_2CO_3 + H_2O$$

　パラフィルムをうすく伸ばしてふた替わりに張ると破裂することもある。

2．操作上の注意・ポイント

　① 試験管を実験台に持っていかせるときに，水酸化ナトリウムを1粒ずつピンセットを使って入れる。休み時間中に入れておくのであれば，ゴム栓をしておくとよい。多少湿気を吸っても実験結果には影響しない。

　② 二酸化炭素のボンベは1班に一つあるとよいが，全体で1缶しかないときは教卓で入れさせて，その場で，パラフィルムでふたをさせる。

　③ パラフィルムでふたをする方法は，できれば，練習させたい。きちんと巻くことができないと変化もわかりづらい。

　④ 二酸化炭素を十分に入れたあと，ふた替わりのパラフィルムがきちんと真っ平の状態でとめられていることを確かめさせる。

3．実験の結果

　① パラフィルムが凹む。

　② パラフィルムの凹みから，二酸化炭素が減少し，試験管内の気体の体積が減ったことがわかる。

　③ 試験管の中の水酸化ナトリウムの粒は表面が粉末状になってくる。

　④ 二酸化炭素は炭酸ナトリウムになったと考えられる。

4．素材の話題

　きちんとパラフィルムでふたがされていれば，二酸化炭素が減ることで気

体の体積が減少し，パラフィルムが凹む。このパラフィルムの凹みは手で確認できるので，視覚障害の生徒も知ることができる。

　このように，健常者も障害を持った生徒も同じ操作で同じ内容の学習ができる実験がインクルーシブな実験である。このインクルーシブの視点も教材開発に盛り込みたい。

５．追加の実験

　同様の実験を丸底フラスコ（300 mL）で行うと，パラフィルムが大きく凹むのでうまくすれば破裂する。この規模で実施すれば，視覚に障害がある生徒も，二酸化炭素を入れるときの音や破裂音で，健常者と一緒に同じ実験を体験できる。

　この実験は演示実験が望ましい。以下に操作を示す。

　　１）丸底フラスコに５粒ほどの水酸化ナトリウムを入れる。

　　２）１）の丸底フラスコにボンベから二酸化炭素を吹き込む。

図22.2　丸底フラスコで行って，パラフィルムが凹んでいる様子

　　３）２）の丸底フラスコをパラフィルムでふたをする。

　　４）３）の丸底フラスコを振り続ける。

凹む前と後にパラフィルムを生徒たちに触ってもらうとよい。さらに，破裂音がするまで丸底フラスコを振る。

〔本実験は著者が中心になって検討した実験に改良を加えたものである〕

実　感

23

ヨウ素で色がついたり移ったり

キーワード：ヨウ素デンプン反応，ヨウ素の抽出
ポイント　：オブラートや酢酸エチルを用いて，ヨウ素に関する実験を改良。

概　要

　デンプンを用いた実験はいくつかあるが，デンプンはなかなか溶けず，また可溶性のデンプンを用いると色が褐色を帯びるため色の変化がわかりにくい。そこで，オブラートでヨウ化カリウムデンプン紙をつくり，実験を改良した。

　また，ヨウ素ヨウ化カリウム水溶液からのヨウ素の抽出ではヘキサンを用いることが多いが，ヘキサンへの溶解は褐色から紫色への色変化を伴う。そこで，酢酸エチルを用いて色変化を防止した。

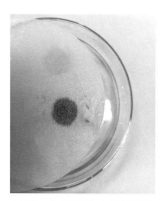

図 23.1　オブラートを利用したヨウ素デンプン反応

実験プリント例

〔題　名〕
　　ヨウ素デンプン反応とヨウ素の抽出

〔目　的〕
　　1）自作のヨウ化カリウムデンプン紙で過酸化水素の働きを確認する。
　　2）ヨウ素の抽出を体験する。

〔準　備〕
　　1）自作のヨウ化カリウムデンプン紙　　　　　　　　　　　　1／班
　　　　（作成方法は p.100の 2 項①参照）
　　2）3 ％過酸化水素水　　　　　　　　　　　　　　　　　　　1／班
　　3）3 mol/L 硫酸　　　　　　　　　　　　　　　　　　　　　1／班
　　4）酢酸エチル（約 3 mL）の入った試験管　　　　　　　　　　1／班
　　5）ヨウ素ヨウ化カリウム水溶液（約 3 mL）の入った試験管　　1／班
　　6）シャーレ　　　　　　　　　　　　　　　　　　　　　　　1／班

〔操　作〕
　　1）ヨウ化カリウムデンプン紙をちぎって持っていき，シャーレに入れる。
　　　　そこに硫酸を 1 滴滴下し，その上に過酸化水素水を 1 滴滴下する。
　　2）ヨウ素ヨウ化カリウム水溶液の入った試験管に酢酸エチルを静かに移
　　　　し， 2 層にする。この試験管を軽く10回ほど振り，試験管立てで静
　　　　置する。

〔結　果〕
　　1）ヨウ化カリウムデンプン紙の色の変化を記録する。
　　2）水溶液（下層）と酢酸エチル（上層）の色の変化を記録する。

〔考　察〕
　　1）ヨウ化カリウムデンプン紙の色の変化を説明せよ。
　　2）水溶液から酢酸エチルに移ったと考えられる物質を示せ。

〔片　付〕
　　1）ヨウ化カリウムデンプン紙は可燃のゴミ箱に捨てる。
　　2）溶液の入っている試験管は，中身を廃液用ビーカーに捨て，水道水で
　　　　洗ってから返却する。内側を洗った廃液も廃液用ビーカーに捨てる。

解　説

1．実験の原理

①　過酸化水素との反応ではヨウ化物イオンの一部がヨウ素になり，過剰に存在するヨウ化物イオンと反応してヨウ素デンプン反応が起こる。

$$2I^- \longrightarrow I_2 + 2e^-$$
$$I_2 + I^- \longrightarrow I_3^-$$

②　ヨウ素は水溶液よりも有機溶媒の方に溶けやすいので，酢酸エチル（上層）に移動する。その結果，褐色が下層の水溶液から上層の酢酸エチルに移動する。

③　ヨウ素を酢酸エチルに溶かすと褐色になることから，三ヨウ化物イオンがヨウ素分子になって酢酸エチルに移ったと考えられる。

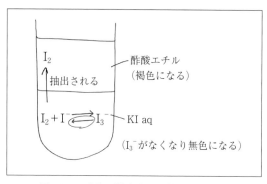

図 23.2 ヨウ素が抽出される様子の板書例

2．操作上の注意・ポイント

①　ろ紙にヨウ化カリウム水溶液を滴下し，よくしみこんだら，オブラートをのせてヨウ化カリウムデンプン紙をつくる。ヨウ化カリウム水溶液はその都度つくり，保存はしない方がよい。

②　酢酸エチルの臭いが気になる場合には，コルク栓をしておくとよい。

③　激しく振るとなかなか2層に分かれなくなるので注意する。

3．実験の結果

① 過酸化水素の酸化力でヨウ素が生成し，試験紙が紫色になる。

② 振ったあとに，下層の水溶液の色が無色になって，上層の酢酸エチルが褐色になる。このことから，ヨウ素が水溶液よりも有機溶媒（今回は酢酸エチル）の方に存在しやすいことがわかる。

4．素材の話題

① ヨウ素デンプン反応のほかに，デンプンの加水分解反応などにもオブラートを使ってみてもよい。

② ヨウ素を溶かしたときの溶液の色は溶媒によって異なる。例えば，酢酸エチルやエタノールだと褐色だが，ヘキサンやトルエンだと紫色になる。ただし，エタノールは水と混ざり合うので，水溶液に対する溶媒抽出の相手としては不向きである。

また，ヨウ素はジエチルエーテルによく溶けるので，ジエチルエーテルを抽出溶媒として用いることもできる。しかし，ジエチルエーテルは麻酔性や引火性があるので授業での使用は好ましくない。

ちなみに，ヨウ素のエタノール溶液はヨードチンキと呼ばれ，消毒に使われている。

5．追加の実験

デンプンでできた衝撃吸収材を使っても同様の実験ができる。衝撃吸収材を使った簡単なヨウ素デンプン反応の実験の操作を以下に示す。

１）デンプンでできた衝撃吸収材をちぎる。

２）ちぎった衝撃吸収材の断面に，ヨウ化カリウム水溶液と硫酸酸性の過酸化水素水を滴下する。

単純に，イソジン®などのヨウ素を含むうがい薬を滴下するだけでもよい。

〔本実験は東京都立多摩科学技術高等学校（当時）の亀井善之先生が中心になって検討した実験に改良を加えたものである〕

24

試験管でいぶし銀づくり

キーワード：銀，硫化銀，酸化還元反応
ポイント ：銀ぱく（箔）と硫黄の蒸気を試験管の中で反応させている。

概 要

　銀は電気伝導性が最もよい金属として有名であり，アクセサリーなどの素材としても使われている。

　空気中で酸化銀を加熱して銀に還元する実験は有名であるが，空気中での加熱が酸化反応と結びついている生徒には混乱を与える可能性がある。そこで，銀の空気中での酸化反応の代わりに，硫黄の蒸気との反応を行う。

図 24.1　硫黄と銀ぱくを入れた試験管

実験プリント例

〔題　名〕

　いぶし銀づくり

〔目　的〕

　銀を硫化する。

〔準　備〕

　1）硫黄（小さじ1杯）の入った試験管　　　　　　　　　1／班

　2）割り箸　　　　　　　　　　　　　　　　　　　　　1／班

　3）銀ぱく（小片）　　　　　　　　　　　　　　　　　1／班

　4）ガスバーナー・チャッカマン　　　　　　　　　　　1／班

〔操　作〕

　1）割り箸を水道水で少し濡らし，銀ぱくの小片を張り付ける。

　2）試験管の中の硫黄をガスバーナーで加熱する。

　3）硫黄の蒸気が出たら，割り箸に張り付けた銀ぱくを試験管に入れ，蒸気に触れさせる。

　4）銀ぱくの色が変化したら，割り箸を試験管から取り出す。

〔結　果〕

　銀ぱくの色の変化を記録する。

〔考　察〕

　銀ぱくの色の変化を，銀と硫黄の反応をもとに説明せよ。

〔片　付〕

　変色した銀ぱくは，ティッシュで取り除き，可燃のゴミ箱に捨てる。

解　説

1．実験の原理

銀に硫黄の蒸気を作用させて硫化銀をつくる。

$$2\,Ag + S \longrightarrow Ag_2S$$

銀ぱくを用いることで黄色みがかった銀ぱくになる。さらに硫黄と反応させると黒ずむ。これが，いわゆるいぶし銀である。

2．操作上の注意・ポイント

① 硫黄を入れた試験管は使いまわすことができる。また，硫黄の状態変化の実験を行った場合，その実験に使用した試験管を利用してもよい。

② 割り箸ではなく，試験管に入る大きさのものに銀ぱくを張り付け，硫黄の蒸気を反応させると，渋い感じの造形物をつくることもできる。

③ 銀ぱくでなくても，試験管に入る銀製品なら同様の実験ができる。

④ 生成した硫化物のはくは，元に戻す実験のために回収してもよい。

3．実験の結果

① 銀が硫化して黄色みがかる。

② 硫黄の蒸気との接触時間が長いと黒ずむ。

4．素材の話題

① 空気中の硫化水素と反応して銀製品が黒ずむことがあるが，銀の輝きを保つためには，黒ずんだ銀製品は磨く必要がある。このように，銀の硫化は身近な現象である。

② 銀製品の表面を硫化して独特の色合いにする技法がある。

③ 家庭で銀製のアクセサリーなどをわざと硫化させて渋く黒くするための専用の溶液がある。

④ 専用の溶液を使わなくても，硫黄を含む入浴剤で銀製のアクセサリーを渋くすることもできる。

⑤ 温泉に行ったときに銀製のアクセサリーが黒ずむのは，温泉に含まれる硫黄の化合物による。

5．追加の実験

① 図24.2に示すように，硫化ナトリウム水溶液を銀ぱくに滴下するだけでも銀は硫化する。この実験はドラフト内で行う必要があるが，時間とともに色が変化することを見ることができる。

② 銀と硫黄との反応は銀が酸化された反応である。また，黒ずんだ銀製品を元の状態に戻す変化は還元反応である。

図24.2　硫化ナトリウム水溶液を使った銀の硫化物づくり

この還元反応を続けて実験してみてもよい。操作を以下に示す。

　1）シャーレの中にアルミはくの小片を敷く。

　2）1）のアルミはくの小片に食塩水を滴下する。

　3）2）のアルミはくと食塩水に触れるように硫化した銀ぱくを乗せる。

黒ずんだ銀製品を元に戻す方法としては，物理的に取ってしまう“磨く”という方法もあるが，還元剤で還元するという化学的方法もある。今回の実験はそれにあたる。

食塩水を滴下するとアルミはくが丸まってしまうこともある。その場合にはピンセットで破れないように注意しながらアルミはくを広げ，そこに，硫化した銀ぱくを乗せる。

しばらくすると硫化水素の臭いがしてくる。硫化水素の臭いがしたら，ピンセットで硫化した銀ぱくを裏返す。すると，銀ぱくが還元されて銀白色に戻った表面が見える。

〔本実験は東京都立戸山高等学校（当時）の大島輝義先生が中心になって検討した実験に改良を加えたものである〕

25

日光写真の仕組みを考える

キーワード：鉄の化合物，酸化還元反応
ポイント　：日光写真づくりを体験し，その仕組みを検証することで思考力を育てる。

概　要

　この実験では，2 種類の鉄の化合物を混ぜたところに日光（紫外線）を当てることで，濃青色の難溶性の顔料が生じる現象を利用している。このとき，酸化還元反応が起こって，鉄の酸化数が変化する。

　2 液を混ぜて日光（紫外線）を当てるだけという簡単な操作なので，日光写真の仕組みについて考えさせることもできる。さらに，その仕組みの正しさを検証する実験を考えさせ，実際に実験させることもできる。

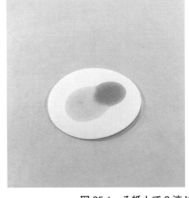 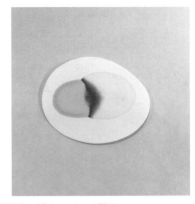

図 25.1　ろ紙上で 2 液が部分的に重なっている様子
（左）日光を当てる前，（右）日光を当てた後

実験プリント例

〔題　名〕

　日光写真づくり

〔目　的〕

　1）日光写真づくりを体験する。

　2）試薬の変化について確認する実験を考えて実行する。

〔準　備〕

　1）ろ紙　　　　　　　　　　　　　　　　　　　　　　　　　1／班

　2）クエン酸鉄(Ⅲ)アンモニウム水溶液　　　　　　　　　　　1／班

　3）ヘキサシアニド鉄(Ⅲ)酸カリウム水溶液　　　　　　　　　1／班

　4）紫外線ランプ　　　　　　　　　　　　　　　　　　　　　1／班

〔操　作〕

　1）ろ紙にクエン酸鉄(Ⅲ)アンモニウム水溶液を滴下する。

　2）広がったクエン酸鉄(Ⅲ)アンモニウム水溶液から少し離れたろ紙上に
　　　ヘキサシアニド鉄(Ⅲ)酸カリウム水溶液を滴下する。
　　　広がっていった二つの水溶液が重なる部分ができなかったら，試薬を
　　　追加して重なりをつくる。

　3）2）のろ紙全体に紫外線を当てる。

　4）紫外線が当たったことで変化した水溶液がどちらであるかをあてる実
　　　験を計画する。

　5）4）で計画した実験を，先生の了解を得てから，実施する。

〔結　果〕

　1）紫外線を当てた際のろ紙上の色の変化を記録する。

　2）操作5）の結果を記録する。

〔考　察〕

　操作5）の結果から濃青色の顔料ができる仕組みについて説明せよ。

〔片　付〕

　ろ紙は可燃のゴミ袋に捨てる。

解 説

1．実験の原理

日光（紫外線）で，クエン酸鉄(Ⅲ)アンモニウム中の鉄イオンが3価から2価に還元され，ヘキサシアニド鉄(Ⅲ)カリウムと反応して濃青色の沈殿（顔料）が生成する。

このとき，次式のような反応が起こっている。

$$Fe^{2+} + K_3[Fe(CN)_6] \longrightarrow KFe[Fe(CN)_6] + 2K^+$$

結果として重なった部分だけが青くなる。

2．操作上の注意・ポイント

① クエン酸鉄(Ⅲ)アンモニウム水溶液は遮光して保管する。

② どちらの水溶液が日光（紫外線）に当たって変化したかを確かめる実験には，次のようなものが考えられる。

日光（紫外線）を当てたクエン酸鉄(Ⅲ)アンモニウム水溶液にヘキサシアニド鉄(Ⅲ)酸カリウム水溶液を滴下する。同様に，日光（紫外線）を当てたヘキサシアニド鉄(Ⅲ)酸カリウム水溶液にはクエン酸鉄(Ⅲ)アンモニウム水溶液を滴下する。

3．実験の結果

① ろ紙上で溶液が重なったところに日光（紫外線）が当たると青くなる。

② どちらの水溶液が日光（紫外線）で変化したかをあてる実験では，前述の操作をしたあと，青色になった組合せがあったら，その組合せの方の日光（紫外線）を当てた化合物が変化したと判断できる。

両方とも青色にならなかったら，両方の化合物が日光（紫外線）で変化したと判断できる。

4．素材の話題

① 鉄の化合物の多彩さなどをここで簡単に触れてもよい。硫酸鉄(Ⅱ)と

塩化鉄(Ⅲ)のそれぞれの水溶液に，水酸化ナトリウムや鉄のシアニド錯体などを含む水溶液を滴下すると，様々な色の沈殿などを生成する。

② 写真つながりで銀塩写真の話をしてもよい。この写真の原理にも日光が当たることにより生じる酸化還元反応が深く関係している。塩化銀が日光に当たると銀イオンが還元されて銀が析出してくる。

$$2\,AgX \longrightarrow 2\,Ag + X_2 \quad (X はハロゲン元素)$$

この現象は感光と呼ばれていて，ハロゲン化銀（塩化銀や臭化銀）から銀が析出してくる。この銀の析出によって潜像ができる。この潜像を目に見えるように増幅したものが銀塩写真である。

5．追加の実験

油性ペンの色ごとに紫外線の通しやすさが異なる。その違いを調べる実験を一緒に行ってみてもよい。操作を以下に示す。

１）クエン酸鉄(Ⅲ)アンモニウム水溶液にヘキサシアニド鉄(Ⅲ)酸カリウム水溶液の２液を混ぜてろ紙に塗る。

２）いろいろな色の油性ペンで透明なシートに絵を描く。

３）１）のろ紙に２）のシートを乗せ，日光（紫外線）を当てる。

絵が描かれた部分は日光が当たらないので青色の沈殿は生成せず，ろ紙を洗うと絵と同じ形が白く残り，周囲が青くなる。しかし，油性ペンの色によってはその下の部分がうっすらと青くなる。

図 25.2　できあがった日光写真
［平山美樹先生提供］

〔本実験は筆者が中心になって検討した実験に改良を加えたものである〕

コラム 銅に旅をさせよ

　「銅の旅」という有名な実験がある。単体の銅からスタートし，いろいろな化合物に変化させ，最後は単体の銅に戻すという実験である。この実験は総合的な実験力を習得させるのにかなり有効だと思う。以下に操作と取得される知識や技能を示す。

　① 試験管中の濃硝酸に銅片を入れる。この操作で濃硝酸の酸化剤としての反応を観察できる。また，二酸化窒素が発生するので，排気についても意識させることができる。

　② ①の試験管の中身を純水で薄めると水溶液の色が緑色から薄い青色になる。水溶液の色が銅イオンの周囲の状況で変化することがわかる。

　③ ②の試験管に水酸化ナトリウム水溶液を加えると，水酸化銅（Ⅱ）の青白色の沈殿が生じるはずだが，褐色を帯びた深緑色の沈殿が生じたりする。これは，試験管に残っている硝酸と水酸化ナトリウムとの中和熱によって水酸化物が酸化物になることが原因と考えられる。このことで，目的以外の反応や反応熱が及ぼす影響についても意識させることができる。

　④ 得られた沈殿をろ過し，ビーカーや蒸発皿に移し，加熱すると黒色になって酸化銅（Ⅱ）が得られる。このときに，水溶液を含んだ沈殿物は粘性があるので，熱くなった沈殿物がはねるのを防ぐため，ろ紙でふたをすることになる。ここで，粘性のある物質を加熱する際に注意すべき点を知る。

　⑤ 得られた酸化銅（Ⅱ）に塩酸を加えて溶かす。銅はイオン化傾向から塩酸に溶けないが酸化物は反応することを知る。

　⑥ ⑤の容器内の塩化銅（Ⅱ）水溶液に，アルミニウムやマグネシウムを加えることで銅が析出してくる。これはイオン化傾向をうまく利用した操作である。

　⑦ ⑥で析出した茶色い物質が銅であることを確認する方法として，ろ過したあとに，乾いたろ紙に乗せ，金属製の薬さじでひねりつぶすという方法がある。うまくいけば銅の金属光沢が観察できる。このようなひと工夫も大切であると意識させることができる。

第6章
有機・高分子化合物

【本章の実験動画・関連資料】

https://www.maruzen-publishing.co.jp/contents/575jikken/index.html#6

26

使い捨てカイロでエステル合成

キーワード：エステル，カルボン酸，アルコール，エステル化
ポイント　：使い捨てカイロを熱源として用いた，HR 教室でも実施できる有機合
　　　　　　成。

概　要

　エステル合成でよく行われる実験は酢酸エチルの合成である。酢酸とエタ
ノールを混合した溶液に触媒の濃硫酸を加えるだけで生成する。

　熱源として使い捨てカイロを用い，触媒をより安全な硫酸水素ナトリウム
に替え，机の上に容易に立てられるように容器も底が平たいスクリュー管を
使うことにして，HR 教室でも実験できるようにした。

図 26.1　スクリュー管と使い捨てカイロで組み立てた実験装置

実験プリント例

〔題　名〕

　酢酸エチルの合成

〔目　的〕

　使い捨てカイロを熱源として酢酸エチルを合成する。

〔準　備〕

　1）スクリュー管　　　　　　　　　　　　　　　　　　1／班

　　　（触媒の硫酸水素ナトリウムが小さじ1杯ほど入っている）

　2）氷酢酸　　　　　　　　　　　　　　　　　　　　　1／班

　3）エタノール　　　　　　　　　　　　　　　　　　　1／班

　4）使い捨てカイロ　　　　　　　　　　　　　　　　　1／班

　5）輪ゴム　　　　　　　　　　　　　　　　　　　　　1／班

〔操　作〕

　1）氷酢酸とエタノールの臭いを軽く嗅ぐ。

　2）スクリュー管に氷酢酸とエタノールを数滴ずつ入れてふたをする。

　3）輪ゴムでスクリュー管の側面によく振った使い捨てカイロをとめる。

　4）10分後にスクリュー管内に水道水を入れ，ふたをしてよく振ったあ
　　　とで，水溶液の上部を観察し，ふたを開けて臭いを軽く。

〔結　果〕

　1）臭いの変化を記録する。

　2）水溶液の上部の様子を記録する。

〔考　察〕

　1）臭いの変化を説明せよ。

　2）酢酸とエタノールと酢酸エチルの水への溶解性から，水溶液の上部の
　　　様子を説明せよ。

〔片　付〕

　スクリュー管は，中身と水道水で洗ったあとの廃液を，有機廃液用ビー
カーに捨て，さらに水道水で軽く洗ったあとで返却する。

解 説

1．実験の原理

酢酸とエタノールは次式のように反応して酢酸エチルが生成する。

$$CH_3COOH + C_2H_5OH \longrightarrow CH_3COOC_2H_5 + H_2O$$

この反応で生じた酢酸エチルは，酢酸やエタノールと違い独特の臭いがする。また，酢酸とエタノールは水によく溶けるが，酢酸エチルの水への溶解度がかなり小さいので，水道水を加えた場合，溶けずに2層になる。また，密度が水より小さいので上層になる。

図26.2　2層になったところ

2．操作上の注意・ポイント

① 氷酢酸やエタノールを手などにつけないようにする。

② 臭いを嗅ぐときは手であおいで嗅ぐ。エタノールは嗅がなくてよい。

③ スクリュー管の中身は下水に捨てないように指示する。下水に流すと，酢酸エチルの臭いが流しについてしまう。酢酸エチルはポリ容器にためておき，水酸化ナトリウムを加えて加水分解してから廃棄するとよい。

3．実験の結果

① 酢酸の臭いが薄くなり，酢酸エチルの独特の臭いがしてくる。

② 水道水を加えると油状物質が浮いてくることもある。使い捨てカイロでの加熱を30分程度行い，水道水を加えたあとのスクリュー管の中身を試験管に移すと水溶液とエステルの2層がはっきりする。

４．素材の話題

① カルボン酸とアルコールの組合せで生成するエステルを表にすると次のようになる。

表 26.1　エステルの原料と臭い

カルボン酸	アルコール	エステル	臭　い
酪　酸		酪酸エチル	イチゴ
カプロン酸		カプロン酸エチル	バナナ
オクタン酸	エタノール	オクタン酸エチル	アプリコット
デカン酸		デカン酸エチル	ナッツ

［日本香料工業会 https://www.jffma-jp.org/about/science.html#a02］

② エステルは酸および塩基で加水分解できる。塩基を使って分解する場合をけん化と呼ぶ。

５．追加の実験

酢酸エチルを合成したあとで，水酸化ナトリウムを使ってけん化する実験を続けて行ってもよい。

前ページの操作の３）の続きとして以下に操作を示す。

４）のスクリュー管の中の臭いを嗅いだあと，水道水を数滴入れる。

５）４）のスクリュー管に，水酸化ナトリウムを１粒入れ，しっかりとふたをしたら振る。

６）数分振ったのちに少し静置したら，ふたを開け，軽く臭いを嗅ぐ。

この段階で，うまくすれば，酢酸エチルは分解され，生じた酢酸は塩になるので，臭いがほとんどしなくなる。

〔本実験は著者が中心になって検討した実験に改良を加えたものである〕

27

グルコースで藍染め

キーワード：グルコース，還元性，藍染め
ポイント　：手近な試薬であるグルコースを還元剤として使った藍染め。

概　要

　藍染めは古くからある染色方法である。藍染めを実験室で行うときは還元剤としてハイドロサルファイトナトリウム（亜ジチオン酸ナトリウム）を使う。

　だが，ハイドロサルファイトナトリウムはこの実験でしか使わない。そこで，薬品庫に普段からあって還元性のある試薬としてグルコースを使った藍染めを行ってみる。強塩基性の条件で行うので，その点は注意したい。

図 27.1　ビーカーを加熱している様子

実験プリント例

〔題　名〕

　藍染め

〔目　的〕

　還元剤としてグルコースを使って藍染めを行う。

〔準　備〕

1）インジゴ（小さじ1杯）	1／班
2）グルコース（大さじ1杯）	1／班
3）3 mol/L 水酸化ナトリウム水溶液	1／班
4）ガーゼ	1／班
5）ビーカー（100 mL）	1／班
6）ピンセット	1／班
7）ガスバーナー・三脚・金網・チャッカマン	1／班
8）ろ紙	1／班

〔操　作〕

　1）インジゴとグルコース，水酸化ナトリウム水溶液（10 mL）をビーカー（100 mL）に入れ，さらにガーゼを入れる。

　2）1）のビーカーに濡らしたろ紙でふたをし，ガスバーナーで穏やかに3分ほど加熱する。

　3）加熱後，ピンセットでガーゼを取り出して水道水で軽く洗い，持ったままでいる。空気に触れてガーゼが藍色になったら，水道水で洗う。

〔結　果〕

　ガーゼの色の変化を記録する。

〔考　察〕

　ガーゼの色の変化を説明せよ。

〔片　付〕

　1）ビーカーは，中身を廃液用ビーカーに捨て，水道水で洗って返却する。

　2）ピンセットは，水道水で洗浄し，キムワイプ®などの紙ワイパーで拭いて返却する。

解　説

1．実験の原理

　青色のインジゴが，塩基性条件下で，グルコースで還元されて可溶性の色素になる。

　可溶性の色素が繊維にしみこみ，空気に触れて不溶性の色素に変わる。

図27.2　ガーゼを空気にさらしているところ

2．操作上の注意・ポイント

　①　3 mol/L 水酸化ナトリウム水溶液を用い，さらに加熱するので，注意が必要である。ビーカーの上にろ紙を乗せるのはふた替わりで，飛び跳ねた水滴や蒸気を防ぐためのものである。

　②　水道水でガーゼを洗う際は，3 mol/L 水酸化ナトリウム水溶液がついているので，最初はピンセットでつまんだままで洗う。1分ほど洗ったら，手でよくもんで染まっていることを確認するとよい。

　③　ガーゼの色だけでなく，水溶液の色の変化も観察させるとよい。

3．実験の結果

　①　インジゴは最初水に溶けないが，還元されて水に可溶なものに変化するため，溶液の色が変化する。

　②　可溶性になったインジゴが空気によって酸化され，もとの青色に戻り，ガーゼが青色に染まる。

４．素材の話題

① 安全のためガスバーナーで加熱せずに，6 mol/L 水酸化ナトリウム水溶液を用いて，下記のようにお湯を一緒に加える手順としてもよい。

試薬とガーゼをすべてスクリュー管に入れ，さらに，90 ℃くらいのお湯を入れ，ふたをしたあとに，よく振ってから静置する。５分ほど経ったら，スクリュー管の中からガーゼを取り出す。

これ以降の操作は本編の操作と同じである。

② ガーゼに輪ゴムを巻いて染色すると生地に模様をつけることができる。

５．追加の実験

グルコースを還元剤として利用し，色の変化を伴うものには以下の実験もある。

① 青い色が消える反応

１）メチレンブルー水溶液をふた付きの容器に入れる。

２）１）の容器に水酸化ナトリウムを加える。

３）２）の容器にグルコースを加える。

４）容器にふたをし，溶液の色が無色になるまで，しばらく静置する。

５）無色になったあと，容器を振ると溶液が青色になる。

６）青色になった溶液を静置すると無色になる。

このように，しばらく，青色と無色を行き来させることができる。

② 信号機反応

色素をインジゴカルミンにすると色変化が信号機のようになる。

③ 銀鏡反応

アンモニア性硝酸銀水溶液にアルデヒドを加えると，容器の壁面に銀が析出する。これが銀鏡反応だが，この実験もグルコースで行える。

〔本実験は東京都立板橋有徳高等学校（当時）の遠藤拓也先生が中心になって検討した実験に改良を加えたものである〕

28

ヨーグルトでタンパク質の確認

キーワード：タンパク質の検出
ポイント　：ヨーグルトの上澄みを利用して実験準備を簡素化。

概　要

　タンパク質の検出の実験は卵白水溶液を用いるが，卵白水溶液の調製や卵黄の処理など面倒な部分がある。そこで，ヨーグルトの上澄み液を使う。

　この素材なら，ビウレット反応やニンヒドリン反応のほかに，キサントプロテイン反応や窒素の検出などが確かめられる。ただ，タンパク質の変性の確認はむずかしい。

図 28.1　ヨーグルトと上澄み液

実験プリント例

〔題　名〕

　ヨーグルトの上澄み液を用いたタンパク質の反応

〔目　的〕

　ヨーグルトの上澄み液に含まれるタンパク質を検出する。

〔準　備〕

　1）ヨーグルトの上澄み液の入ったビーカー（50 mL）　　　　1／班

　2）駒込ピペット（2 mL）　　　　　　　　　　　　　　　　1／班

　3）試験管　　　　　　　　　　　　　　　　　　　　　　　2／班

　4）ガスバーナー・チャッカマン・試験管ばさみ　　　　　　1／班

　5）沸騰石　　　　　　　　　　　　　　　　　　　　　　　1／班

　6）1％ニンヒドリン水溶液　　　　　　　　　　　　　　　1／班

　7）6 mol/L 水酸化ナトリウム水溶液　　　　　　　　　　　1／班

　8）0.1 mol/L 硫酸銅(Ⅱ)水溶液　　　　　　　　　　　　　1／班

〔操　作〕

　1）ヨーグルトの上澄み液を2 mL ずつ二つの試験管に取る。

　2）各試験管で次の操作を行う。

　　① 水酸化ナトリウム水溶液を5 滴加えてよく振り，さらに，硫酸銅

　　　（Ⅱ)水溶液を1 滴加えてよく振る（ビウレット反応）。

　　② ニンヒドリン水溶液を1 滴加え，沸騰石を入れ，ガスバーナーで

　　　加熱する。沸騰したら加熱をやめて静置する。

〔結　果〕

　各試験管内の様子を記録する。

〔考　察〕

　実験結果からヨーグルトの上澄み液についてわかることを述べよ。

〔片　付〕

　試験管は，中身を有機廃液用ビーカーに捨てて，洗剤を使ってよく洗浄し
てから返却する。

解　説

１．実験の原理

　ヨーグルトの上澄み液にはタンパク質が含まれているので，上澄み液を使ってタンパク質の性質を確認する実験を行うことができる。

　上澄み液には，ラクトグロブリン，ラクトアルブミン，ラクトフェリンといったタンパク質が含まれている。タンパク質以外にもカルシウムなどのミネラルが含まれているが，タンパク質の実験の邪魔はしない。

図 28.2　ビウレット反応（中央）とニンヒドリン反応（右）

２．操作上の注意・ポイント

　① ヨーグルトの表面の一部をすくったりしておくと上澄液が出てくる。とはいえ，ヨーグルトの上澄み液はそれほど多量ではないので，１）の操作で取る分量を 1 mL ほどにして純水で 2 倍に希釈してもよい。

　② 水酸化ナトリウム水溶液を加えて加熱する際には蒸気を吸わないようにするなど注意すること。

　③ 手もタンパク質でできているので，ニンヒドリン液が手にかかったら，よく洗うこと。洗わないでいると紫色になる。

　④ 廃液はタンパク質を含むので，すべて有機廃液用ビーカーに捨てること。上澄み液の残りは回収し，上澄み液を追加して，次のクラスで用いる。

　⑤ 実験に使わなかった部分は，事前に食してしまえばよいので，ある意

味経済的である。もちろん，ヨーグルト本体を使った実験を行ってもよい。

3．実験の結果

① ビウレット反応では，溶液が紫色になる。
② ニンヒドリン反応では，溶液が紫色になる。

4．素材の話題

タンパク質の実験の素材は，卵白水溶液や今回のヨーグルトの上澄み液のほかに，小麦粉などがある。

小麦粉の場合，強力粉を使って，まずは水を少し加えてよくこねたあと流水中でよくもむと炭水化物が取れてタンパク質だけになる。また，毛糸を使った実験も考えられる。毛糸なら染色の実験にも使える。

5．追加の実験

この素材を使って，キサントプロテイン反応や窒素や硫黄の検出の実験も行える。以下に操作を示す。

　１）２本の試験管にそれぞれにヨーグルトの上澄み液を2 mL 取る。
　２）一方の試験管に濃硝酸１滴と沸騰石を加えたのち，ガスバーナーで加熱する。沸騰したら加熱をやめる。
　３）もう一方の試験管には，水酸化ナトリウム水溶液を５滴加え，よく振ったら，ガスバーナーで加熱する。

沸騰したら加熱をやめ，濃塩酸をつけたガラス棒を試験管に入れ，変化を確認し，さらに酢酸鉛（Ⅱ）水溶液を加える。

キサントプロテイン反応では溶液が黄色くなる。また，窒素の検出では発生したアンモニアが塩酸と反応して白煙を生じる。さらに，硫黄の検出では，硫化鉛の黒色沈殿が確認できる。

〔本実験は東京都立板橋有徳高等学校（当時）の遠藤拓也先生が中心になって検討した実験に改良を加えたものである〕

身　近　簡素化

29

銅はく（箔）でレーヨンづくり

キーワード：再生繊維，レーヨン
ポイント ：銅はくを用いることで粉末を使った場合の失敗を回避している。

概　要

　綿と一緒に銅粉と濃アンモニア水を入れて酸素を吹き込むという方法で銅アンモニアレーヨン（キュプラ）をつくる実験は有名である。しかし，銅粉だと，全部の班が一定量を測り取るのに時間がかかり，粉末の量が多すぎると，できたレーヨンが銅紛まみれになる。

　そこで，全部の班が一定量を素早くとれるように銅はくを用いることにした。

図 29.1　実験の様子

実験プリント例

〔題　名〕

　銅はくを使った銅アンモニアレーヨンの作成

〔目　的〕

　銅アンモニアレーヨンの作成を行う。

〔準　備〕

1）濃アンモニア水（3 mL）の入った三角フラスコ	1／班
2）ゴム栓（三角フラスコの口にちょうど合うサイズ）	1／班
3）銅はく	1／班
4）綿（1 g）	1／班
5）実験用酸素ボンベ	1／班
6）3 mol/L 硫酸	1／班
7）シリンジ（1 mL）	1／班
8）シャーレ	1／班
9）ピンセット	1／班

〔操　作〕

　1）濃アンモニア水（3 mL）の入った三角フラスコに銅はくと綿を入れ酸素を十分に吹き込み，ゴム栓でふたをして振り，綿をすべてとかす。

　2）1）でできた粘性のある溶液をシリンジ（1 mL）で吸い取って，シャーレに入れた 3 mol/L 硫酸中に押し出す。このとき出てきた糸をピンセットを使って引っぱる。

〔結　果〕

　1）三角フラスコ内の変化を記録する。

　2）シャーレ内にできた繊維を観察する。

〔考　察〕

　銅アンモニアレーヨンについて実験結果を踏まえてまとめよ。

〔片　付〕

　容器は，中身を有機廃液用ビーカーに捨て，水道水で軽く洗って，洗浄したあとの液も同様に捨てる。さらにていねいに洗って返却する。

解　説

1．実験の原理

　もとになっているのは，銅イオンを含むシュバイツァー試薬（次ページ参照）に綿を溶かし，希硫酸中に押し出すことで繊維に再生する実験である。その実験を，銅粉と酸素とアンモニアで行えるようにした実験を，さらに銅はくを使うことでより簡便にしたのが今回の実験である。

図 29.2　シャーレの希硫酸中に押し出した様子

2．操作上の注意・ポイント

　① 銅はくを使うことで，アンモニア水と綿との量的なバランスを取りやすくしているが，綿は少なめにしておくとよい。三角フラスコ内の溶液に粘性がないときに綿を追加するとよい。

　② 三角フラスコを振っていると，アンモニアの蒸発で内圧が上がり，ゴム栓が飛び出す。たまにゴム栓を外して内圧を下げるように指示しておくとよい。

3．実験の結果

　① 酸素を加えてよく振ると，銅はくが溶けて青色の溶液になる。

　② さらに振ると，綿が溶けて粘性のある溶液になる。

　③ 粘性のある青い溶液を希硫酸中にシリンジから押し出すと，青い糸状になるが，しばらくすると色が白くなる。

4．素材の話題

　① ２価の銅イオンのアンミン錯体の水溶液をシュバイツァー試薬という。90 ℃の硫酸銅（Ⅱ）水溶液に炭酸ナトリウムの水溶液を加えると沈殿が生成する。その沈殿をメチルレッドが黄変する程度の濃度のアンモニア水に溶かして，さらに，水酸化ナトリウム水溶液を加えるとシュバイツァー試薬になる。

　② 粘性があるとはいえ，綿が溶けた水溶液ができ，それが糸状に戻るので再生繊維という表現が実感できる。

　③ レーヨンは光沢のある繊維である。

5．追加の実験

　比較としてナイロンの合成の実験を一緒に行うとよい。試薬さえあれば容易に実施できる。さらに，溶液を調製しておけば，２液を混ぜるだけでよいのでより短時間で実施できるようになる。以下に操作を示す。

　０）溶液調整

　　　溶液Ａ：ヘキサメチレンジアミン25 g を0.5 mol/L 水酸化ナトリウム水溶液500 mL に溶かす。

　　　溶液Ｂ：アジピン酸ジクロリド25 g をヘキサン500 mL に溶かす。

　１）スクリュー管に溶液Ａを５mL ほど取る。

　２）１）のスクリュー管に溶液Ｂを５mL ほど入れる。ただし，静かに加えて，２液が２層になるようにする。

　３）層間にできた膜をピンセットでつまみ上げ，試験管に巻き付ける。そのまま，試験管を回転させて糸を巻き取っていく。

〔本実験は東京都立戸山高等学校（当時）の大島輝義先生が中心になって検討した実験に改良を加えたものである〕

30

ボンドやペットボトルで合成樹脂の実験

キーワード：ポリ酢酸ビニル，熱収縮性樹脂
ポイント　：日常生活と関連付けた合成樹脂の実験。

概　要

　木工用ボンドや洗濯のりにはポリ酢酸ビニルが使われており，そこからどうにかして水分を除くと取り出すことができる。得られたポリ酢酸ビニルは，硬いが，温めると軟らかくなることが確認できる。

　また，ペットボトルのラベルには加熱すると縮む合成樹脂が使われているものもある。ラベルを剝がし，熱湯に入れると縮む。縦横の収縮率を求めたり，同様の素材が使われているものを探したりすると面白い。

図 30.1　木工用ボンドとペットボトルのフィルム

実験プリント例

〔題　名〕

　合成樹脂の実験

〔目　的〕

　身近にある合成高分子の性質を確かめる。

〔準　備〕

　1）木工用ボンドからつくったポリ酢酸ビニルの小片　　　　　　2／班

　2）ペットボトルのラベルの小片　　　　　　　　　　　　　　　2／班

　3）ガスバーナー・三脚・金網・チャッカマン　　　　　　　　　1／班

　4）沸騰石　　　　　　　　　　　　　　　　　　　　　　　　　1／班

　5）ビーカー（100 mL）　　　　　　　　　　　　　　　　　　1／班

　6）ピンセット　　　　　　　　　　　　　　　　　　　　　　　1／班

〔操　作〕

　1）ポリ酢酸ビニルの一方の小片を折り曲げる。

　2）ポリ酢酸ビニルのもう一方の小片を手で温めてから折り曲げる。

　3）ビーカー（100 mL）に水道水を半分ほど入れ，沸騰石を入れ，ガス
　　　バーナーで加熱し，沸騰させる。

　4）ペットボトルのラベルの小片をピンセットで熱湯に入れる。

　5）熱湯からラベルをピンセットで取り出し，熱湯に入れていない小片と
　　　縦横の長さなどを比較する。

〔結　果〕

　温める前と温めたあとでの以下の違いを記録する。

　① ポリ酢酸ビニルの小片の温める前後での折り曲げやすさ

　② ペットボトルのラベルの小片の熱湯に入れる前後の縦横の長さ

〔考　察〕

　1）実験の結果を踏まえてポリ酢酸ビニルの性質についてまとめよ。

　2）ペットボトルのラベルの縦横の縮み具合の差の理由を説明せよ。

〔片　付〕

　合成樹脂は指定されたゴミ箱に捨てる。

解　説

1. 実験の原理

　木工用ボンドは，成分がポリ酢酸ビニルと水だけなので，薄く伸ばして乾燥させるとポリ酢酸ビニルのシートが得られる。

　ポリ酢酸ビニルは熱可塑性樹脂なので，手で温めると軟らかくなる。

　ペットボトルのラベルは加熱してボトルにフィットさせているものもある。そのラベルを熱湯に入れると縮む。

2. 操作上の注意・ポイント

　① 数日前に木工用ボンドをクリアファイルの一面に薄く塗って乾燥させ，ポリ酢酸ビニルのシートを作成しておく。

　② 室温での軟らかさと手で温めたときの軟らかさの違いをあまり感じられない場合，ポリ酢酸ビニルのシートを冷やしておくとよい。

　③ ペットボトルのラベルの小片は，重ねるだけで形状の変化を確認できるように，まったく同じ形状のものを2枚用意する。

　④ 熱湯を使うので火傷に注意する。

　⑤ ペットボトルのラベルの縦横の長さを物差しで測って，縦横の収縮する度合いを数値化するとなおよい。

3. 実験の結果

　① ポリ酢酸ビニルのシートは温めると軟らかくなって曲げやすくなる。

　② ペットボトルのラベルは加熱により収縮する。縦横の収縮の度合いは，縦よりも横方向がよく縮む。

4. 素材の話題

　① ポリ酢酸ビニルを使ったものに，洗濯のりやガムなどがある。

　② 加熱することで収縮するものとしては熱収縮チューブがあり，電気配線の保護に用いられている。そのほかに洗濯竿の保護用のシートがある。洗

濯竿にシートをかぶせ，熱湯をかけるか，ドライヤーで熱風をかけると縮ん
でフィットする。

5．追加の実験

　①　ポリ酢酸ビニルを取り出す実験を洗濯のり（キーピング®）で実施し
てもよい。以下に操作を示す。
　　１）ビーカーに洗濯のりを適量取り，同体積のエタノールを加えたあと，
　　　　ガラス棒でよくかき混ぜる。
　　２）１）のビーカー内の溶液が均一になったら，水道水の入った水槽に
　　　　すべて流し込み，出てきたものをよくもむ。
　　３）２）で得られたポリ酢酸ビニルを水道水から取り出し，よくもんで
　　　　水分を絞る。
　取り出したポリ酢酸ビニルは数日放置すると硬くなる。硬くなったポリ酢
酸ビニルの塊は温めれば軟らかくなる。
　②　ペットボトルのラベルを縮める実験で，試験管などのガラス器具に
フィットさせる実験も面白い。
　　１）ペットボトルをつぶしてラベルを筒状のまま外す。
　　２）１）の筒状のラベルの中に試験管を入れ，熱湯につける。
　熱湯で縮まったラベルが試験管にぴったりついたものができる。

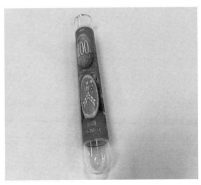

図 30.2　試験管にフィットさせたペットボトルのラベル

〔本実験は著者が中心になって検討した実験に改良を加えたものである〕

コラム　有機化合物は燃える

　有機化合物の実験はいろいろあるが，実施がむずかしい場合には燃やすだけでもいいので実施したい。有機化合物に着火するだけでもいろいろなことが見えてくる。

　例えば，アルコールだと，メタノールは青い炎で燃えるが，エタノールはオレンジ色の炎で燃える。このことから，炎色反応をアルコール溶液で確かめる場合にはメタノール溶液がいいことになる。ただ，メタノールは毒性があるので使いたくない。実は，エタノールに水を少し加えると青い炎で燃えるので，エタノール水溶液を炎色反応に使うとよい。エタノール水溶液が青く燃えるのは，ブランデーに火をつけたときに観察できる。

　有機化合物が燃えるときに煤が出ることがある。これは，炭素と水素の原子の数の比によってわかる。水素原子の数に対する炭素原子の数の比の値が大きいと煤が発生する。例えば，蒸発皿にベンゼンを1滴垂らし，火をつけ，ビーカーをかぶせると煤で満たされる。ベンゼンは有毒なので，その様子を撮影しておき，動画として生徒に見せたい。

　アセチレンと空気を混合した気体への着火の実験でも，空気との割合によっては煤がでる。水槽中の水道水にカルシウムカーバイドを入れると，アセチレンが発生する。そのアセチレンを水上置換で試験管に集めるが，途中で倒立していた試験管を水中から引き上げると，水の代わりに空気が入ってくる。試験管を引き上げるタイミングを変えると，いろいろな混合比の気体が得られる。そのあと，その混合気体に着火してみる。アセチレンだけだと試験管の口に火がつくだけだが，アセチレンと空気が半分ずつ混ざったものだとオレンジ色の火が試験管の底まで走り，試験管の中から煤が出てくる。うまい混合比にすると，破裂音がして青い炎を観察することができる。この実験では，試験管を引き上げる際に少し水を試験管の中に残すのがコツである。混合気体を混ぜたいときに，試験管を振ると，その水が上下に動いて気体を混ぜてくれる。

付　録

安全な実験の進め方

　実験授業を安全に実施するためには〔事前〕〔授業中〕〔事後〕で以下のようなことをやっておきたい。

〔**事　前**〕

　生徒実験を実施する前に，必ず，予備実験をすること。予備実験の際には，うまく結果が出るか否かを確かめるだけでなく，その操作を全部の班が授業内で行えるか，実験室内での生徒の動きもシミュレーションするとよい。また，生徒が間違えた操作をした場合の対策も検討しておくとよいだろう。さらに，１学年を複数の教員でもつ場合は，可能なら，担当する教員全員で一緒に予備実験を行いたい。生徒に実験を通して習得させたい事柄に対して足並みをそろえることもできるし，安全に実験を行うための知恵も増える。

〔**授業中**〕

　試薬は操作ごとに必要なものだけに絞って各班の実験台に持って行かせたい。実験の授業中は，できる限り実験室内をめぐり，全体を俯瞰して眺めることで，生徒の安全を確保したい。それと同時に授業中に気づいたことを実験プリントの該当部分にメモするとよい。そのメモをもとにした改善は，まだ実験していないクラスの授業で実施してもよいが，翌年度の授業では必ず実施したい。また，ガラス器具の破損などは起こりやすい事故だが，そのような事故を生徒たちが隠すことなくきちんと教員に報告する雰囲気はつくっておきたい。

〔**事　後**〕

　実験終了直後は，返却された試薬や器具の数を確認することと，廃液用ビーカーの中身の様子を確認することを習慣にしたい。試薬の減り具合が予想と違えば操作中に過剰に試薬を使っている可能性が出てくる。器具が戻っていないまま次の実験授業に入ると事故の原因になる。また，実験室内の簡単な状態確認もしておきたい。ガラスの破損事故があった後はなおさらだが，床が濡れていたり，試薬が実験台にこぼれていたりすると危険である。

575化学実験の準備の考え方

　それぞれの化学実験を575化学実験的に手際よく行うためには，常設の準備を工夫するとよい。

〔試　薬〕

　よく行われる実践であるが，点眼瓶などに試薬を入れたものを，年間を通じて準備しておくとよい。試験紙などは事前に小さく裁断しておき，小瓶に入れておくと便利である。

　水道水でうまくいく実験ではわざわざ純水（イオン交換水）を使うこともないので，水道水の入った洗浄瓶を用意し，純水とうまく使い分けるとよい。費用を抑えられる。

　塩酸や硫酸といったよく使う試薬は，1種類の濃度（安全な範囲内で，できる限り濃いもの，例えば，6 mol/L）を用意しておくとよい。実験の際に希釈するという操作が増えるが，準備は楽になる。

〔器　具〕

　実験で使用する器具が乾燥している必要があるか検証しておくとよい。濡れていてもよいことがわかれば，実験の授業が連続した場合に，乾いた器具をたくさん用意しておく必要がなくなる。直前の授業で使った器具を濡れていてもそのまま使いまわすことができ，準備がかなり楽になる。

　また，10 mL ビーカーやスクリュー管などのスモールスケールの器具を数多く用意しておくとよい。準備が楽になることに加え，器具がたくさんあれば，生徒ひとりひとりが実験できる環境を実現できる。

　さらに，実験の計画を立てる段階で操作を工夫して，使用する器具の数を減らせるとよい。本編でも紹介しているが，色の変化を伴う化学反応で変化の前後を一つの試験管で確認できれば準備も片付けも楽である。数を減らすだけでなく，片付けを楽にするための工夫もある。例えば，硝酸銀水溶液を使った実験で，硝酸銀水溶液をほかの容器に移すのではなく，その容器にほかの試薬を入れていくことで汚染される器具の数を極力少なくすることができる。

授業終了後に教員が行う片付けについて

　実験が終わったあとに行う教員による片付けについて以下のようなことを注意すると，実験室の環境がよりよいものになる。

① 廃液を有機化合物の含まれるものとそうでないもの（無機化合物のみ）とに分けるのは当然として，操作ごとに廃液入れを用意するとよい。その廃液を入れた容器に操作で使った試薬を書いたラベルを貼っておくと業者への配慮にもなり，安全性も増す。また，試薬の少量化を行っているので廃液の量は全クラス分を集めても小さなペットボトルほどと考えられる。なので，その質量は電子てんびんで測れる。最初に空の容器の質量を測っておき，全クラスの実験が終わったあとの質量を測れば，廃液の量の管理が簡単になる。

② 再利用できるものは再利用したい。未反応で残った金属片などは廃液用の容器の口の部分に台所用のネットをかぶせて回収することができる。回収した金属を次の実験に使えるように処理することも教員の行う片付けの一部である。

　ほかに回収できるものとしては，触媒がある。過酸化水素の分解で使う粒状の酸化マンガン(Ⅳ)やエステル化で使う硫酸水素ナトリウムなどが考えられる。硫酸水素ナトリウムを触媒としてスクリュー管でエステルの合成をした場合は，中身を捨てたスクリュー管を回収して，触媒をエタノールで軽く洗うなどして次の実験で使えるようにする。

③ 試薬のついたろ紙などは，教員の方で安全に配慮して処理するとよい。例えば，単体のナトリウムの付着したろ紙は発火の可能性があるので，直接ゴミ箱に捨てさせないで，一度教卓に置いた廃棄用の容器に入れさせる。実験終了後に教員が廃棄用の容器に水道水を十分に入れるなどの処理を行うとよい。

　また，銀鏡反応で試験管に付着した銀もそのまま回収して希硝酸などで教員が処理するとよい。染料のついたビーカーもそのまま回収して，教員が処理するとよい。

575化学実験の設計

　個々の実験の575化学実験としてのねらいなどはコラムに書いたが，今ある実験を575化学実験的に改良するとか，新たに575化学実験を考案する際の方法について，ここでは紹介する。

〔575化学実験的にアレンジする〕

　例えば，ナトリウムと水を反応させて，水素の発生と水溶液が塩基性になることを確認する実験がある。この実験には，試験管を使う方法とビーカーを使う方法の二つが有名である。

　ここで，ビーカーを使う方法を選んだとする。この実験ではビーカーにするふたとして時計皿を使うことがあるが，時計皿のかぶせ方を間違えると落ちて危険だったり，水を追加する際にビーカー内で発生した煙が出てきてしまったりする。この実験を「実験手順を減らす」という575化学実験の考え方を用いて改善すると，シャーレ内のろ紙の中央にナトリウムを置き，そのろ紙よりも径が小さいビーカーをそこにかぶせるという方法が浮かぶ。その方法を実際に行ってみると，行う実験操作が簡単になるだけでなく，水を追加したい場合はビーカーからはみ出ているろ紙に水を染み込ませればよいので，反応で発生した煙をビーカー外に出さずに済むという利点が生まれる。

〔575化学実験を考案する〕

　例えば，手の水分を使ってグリセリンの水への溶解が発熱であることを実感する実験は，新しい視点でとても楽しいものである（手に試薬を滴下するので，そのことが気になる生徒には無理をさせないといった注意が必要）。

　また，まったく新しい実験ではないが，せっけんづくりの実験で塩基性の水溶液と油脂，エタノールを1滴ずつ試験管に入れ，ポケットトーチを使って数秒加熱するという実験を考案したことがある。これは，湯せんする従来の方法の延長線上にはない発想で，試薬の減量化と操作時間の短縮化を極端に実現できた。加熱後，試薬を入れた試験管に水道水を入れて振るとよく泡立つ。

事 項 索 引

元素・化合物索引

編者・著者紹介

東京都理化教育研究会 化学専門委員会
都内にある高校の物理・化学・地学の教員による研究会である．東京都理化教育研究会内に設置された，化学分野の実験授業の教材などを研究する委員会．

田中 義靖（たなか よしやす）
1991年 東京理科大学理学部化学科 卒業
2019年より 東京都立多摩科学技術高等学校 指導教諭
平成23年度 日本化学会 化学教育有功賞
平成27年度 東京都教育委員会職員表彰
平成28年度 文部科学大臣優秀教職員表彰
日本理化学協会 協会賞
（平成15年度，平成30年度，令和2年度，令和3年度）

動画でわかる！
「575化学実験」実践ガイド

令和 4 年 5 月 30 日　発　　　行
令和 5 年 6 月 30 日　第 3 刷発行

編　者　　東京都理化教育研究会
　　　　　平成30・31（令和元）年度
　　　　　化学専門委員会

発 行 者　　池　田　和　博

発 行 所　　丸善出版株式会社
〒101-0051 東京都千代田区神田神保町二丁目17番
編集：電話（03）3512-3263／FAX（03）3512-3272
営業：電話（03）3512-3256／FAX（03）3512-3270
https://www.maruzen-publishing.co.jp

組版印刷・製本／藤原印刷株式会社

ISBN 978-4-621-30719-9 C 3043　　　　　Printed in Japan